中等职业教育教学改革创新系列教材

极限配合与技术测量习题册

张翠香　编

机 械 工 业 出 版 社

本书是中等职业教育教学改革创新系列教材《极限配合与技术测量》的配套习题册，是编者在总结多年教学实践经验的基础上编写的。本书内容包括绪论、极限与配合、几何公差、表面缺陷与表面粗糙度、测量技术基础、尺寸链基础及综合练习。每部分内容与教材同步，题量适当。本书习题形式灵活多样，有填空、判断、选择、计算、填表、改错和标注等，并留有答题空白，可节省学生抄题、抄图时间，提高解题效率，同时也方便教师批改，以实现作业的规范化管理。

凡使用本书作为教材的教师，可登录机械工业出版社教育服务网（http://www.cmpedu.com）免费下载本书的配套资源。咨询电话：010-88379193。

本书既可以作为中等职业学校机械类专业的实训教材，也可以作为中级机械检验工的岗位培训教材。

图书在版编目（CIP）数据

极限配合与技术测量习题册 / 张翠香编 .—北京：机械工业出版社，2019.8（2025.1 重印）
中等职业教育教学改革创新系列教材
ISBN 978-7-111-63375-4

Ⅰ.①极… Ⅱ.①张… Ⅲ.①公差—配合—中等专业学校—习题集 ②技术测量—中等专业学校—习题集 Ⅳ.① TG801-44

中国版本图书馆 CIP 数据核字（2019）第 158263 号

机械工业出版社（北京市百万庄大街 22 号 邮政编码 100037）
策划编辑：黎 艳 责任编辑：黎 艳
责任校对：刘志文 封面设计：陈 沛
责任印制：郜 敏
北京富资园科技发展有限公司印刷
2025 年 1 月第 1 版第 6 次印刷
184mm × 260mm · 7 印张 · 166 千字
标准书号：ISBN 978-7-111-63375-4
定价：25.00 元

电话服务	网络服务
客服电话：010-88361066	机 工 官 网：www.cmpbook.com
010-88379833	机 工 官 博：weibo.com/cmp1952
010-68326294	金 书 网：www.golden-book.com
封底无防伪标均为盗版	机工教育服务网：www.cmpedu.com

前　言

本书是中等职业教育教学改革创新系列教材《极限配合与技术测量》的配套习题册，是按照山东省教育厅《关于启动中职与五年制高职教材开发的说明》，通过评审的山东省三年制中等职业教育机械加工技术专业教材。

本书本着“必需、够用”的原则，结合中等职业技术教育的特色，作为与主教材配套使用的教学用书，内容包括绪论、极限与配合、几何公差、表面缺陷与表面粗糙度、测量技术基础、尺寸链基础、综合练习。在本书的编写中，注重与主教材的紧密联系，突出了选题的实用性以及题型的多样性。为提高学生的解题兴趣和效率，同时方便教师批改，各类题型均留有答题空白，配套资源中还列出了客观题及大部分主观题答案，以供参考。

由于编者水平所限，书中难免有疏漏之处，恳切希望使用者和广大读者批评指正。

编　者

目　录

绪　论

知识要点

1. 本课程的作用和任务。
2. 互换性的意义、分类及其在机械制造业中的作用。
3. 标准化、标准和计量工作的含义。
4. 加工误差和公差的基本概念。

重点内容概括（考点）

1. 本课程的主要任务是学习和研究互换性，围绕零件的制造误差和公差及其使用要求之间的关系，合理解决生产成本、产品质量与生产效益之间的矛盾。

2. 公差是指允许尺寸、几何形状和相互位置误差最大变动的范围，用于限制加工误差。公差是设计人员根据产品使用性能要求给定的。规定公差的原则是：在保证满足产品使用性能的前提下，给出尽可能大的公差。它反映了一批工件对制造精度的要求和经济性要求，并体现了加工的难易程度。公差越小，加工越困难，生产成本就越高。公差值不能为零，是绝对值。

规定公差值 T 的大小顺序，应为 $T_{尺寸} > T_{位置} > T_{形状}$。

3. 互换性是机械设计和制造过程需遵循的重要原则，目的是使企业获得最大的经济效益和社会效益。零件的互换性是指同一规格的零部件，不经过任何挑选、调整或修配就能装配到机器上，并能达到规定的使用性能要求。互换性分为完全互换和不完全互换。完全互换适用于一般的装配精度要求，这种互换方式的优点是方便组织生产，生产率高，特别适合于成批或大量生产的方式，如汽车厂和拖拉机厂，大都采用完全互换法。当装配精度要求很高时，如轴承，常采用分组装配，即不完全互换法生产。

4. 标准是指对于需要协调统一的重复性事务所做的统一规定，没有标准的实施就不可能有标准化。我国的标准分为国家标准、行业标准、地方标准和企业标准。

练习题

一、判断题（正确的打√，错误的打 ×）

1. 具有互换性的零件，其几何参数必须制成绝对精确。（　　）
2. 公差是允许零件尺寸的最大偏差。（　　）
3. 公差值可以为零。（　　）
4. 公差和误差没有区别，公差就是误差。（　　）
5. 为了满足互换性要求，设计时规定的公差值越小越好。（　　）
6. 具有互换性的零件应该是形状和尺寸完全相同的零件。（　　）
7. 测量的目的只是为了判定加工后的零件是否合格。（　　）
8. 零件在加工过程中的误差是不可避免的。（　　）
9. 零件的互换性程度越高越好。（　　）
10. 当装配精度要求较高时，可采用完全互换法。（　　）
11. 分组装配法属于典型的不完全互换法。（　　）
12. 加工误差可能会影响零件的使用性能。（　　）
13. 完全互换法的装配效率一定高于不完全互换法。（　　）
14. 完全互换法适用于厂际协作或配件的生产，不完全互换法仅限于部件或机构的制造厂内部的装配。（　　）
15. 完全互换法便于实现装配自动化，提高装配生产率。（　　）

二、选择题（标 * 的题目为多项选择题）

*1. 具有互换性的零件，其几何参数制成绝对精确是________。

A. 有可能　　B. 有必要　　C. 不可能　　D. 没必要的

2. 加工后零件的实际尺寸与理想尺寸之差，称为________。

A. 形状误差　　B. 尺寸误差　　C. 公差　　D. 位置公差

*3. 下面属于互换性作用的有________。

A. 便于采用高效专用设备　　B. 便于装配自动化

C. 便于采用三化（标准化、系列化、通用化）　　D. 保证产品质量

*4. 标准化的意义在于________。

A. 是现代化大生产的重要手段　　B. 是科学管理的基础

C. 是产品设计的基本要求　　D. 是计量工作的前提

5. 图样给定公差值 T 的大小顺序，应为________。

A. $T_{尺寸} = T_{位置} = T_{形状}$　　B. $T_{尺寸} < T_{位置} < T_{形状}$

C. $T_{尺寸} > T_{位置} > T_{形状}$　　D. $T_{尺寸} = T_{位置} = T_{形状} = 0$

6. 保证互换性生产的基础是________。

A. 通用化　　B. 系列化　　C. 标准化　　D. 优化

7. 互换性的零件应是________。

A. 相同规格的零件　　B. 不同规格的零件

C. 相互配合的零件　　D. 形状和尺寸完全相同的零件

8. 某一零件在装配时需要修配，则此种零件________。

A. 不具有互换性　　B. 具有不完全互换性

C. 具有完全互换性　　D. 无法确定其是否具有互换性

9. 分组装配法属于典型的不完全互换法，它一般用于________。

A. 装配精度要求很高时　　B. 加工精度要求很高时

C. 装配精度要求很低时　　D. 厂际协作或配件的生产

10. 完全互换法的装配效率与不完全互换法相比，________。

A. 两者相同　　B. 前者低于后者

C. 前者高于后者　　D. 无法确定两者的高低

三、填空题

1.“极限配合与技术测量”课程的主要任务是学习和研究________，围绕零件的________和________及其________之间的关系，合理解决________、________与________之间的矛盾。

2. 公差标准是对________的限制性措施，________是贯彻公差与配合制的技术保证。

3. 零件的互换性是指________规格的零部件，不经过________，就能装配到机器上，并能达到规定的________要求。

4. 遵循互换性原则生产，不仅能提高________，而且能有效保证________，降低________，所以互换性是机器和仪器制造中的重要生产原则。

5. 加工误差可分为________、________、________、________四类。

6. 公差是指零件的几何参数允许的________，它主要包括________、________和位置公差、跳动公差。

7. 零件的精度是由________来体现的，合格件的误差大小由________控制。公差值的大小已经________，公差的大小由________给定。

8. 在现代生产中，________和________是一项重要的技术措施。

9. 根据生产中的实际需要，现行标准分为________、________、________和________，如果其他标准的规定与国家标准有矛盾时，应以________为准。

10. 按对象特征，标准分为________、________、________和________。

11. 对同一尺寸来说，公差值大就是允许的加工误差________，加工________，零件的制造成本________，公差值小就是允许的加工误差________，精度________，加工________，零件的制造成本________，所以零件的公差值大小与零件的________密切相关，直接影响产品成本的高低。

四、简答题

1. 什么是互换性？根据互换程度不同，可以将互换性分为哪两类？有什么区别？

2. 具有互换性的零件的几何参数是否必须加工成完全一样？为什么？

3. 什么是加工误差？可以分为几类？

4. 什么是公差？可以分为几类？

5. 公差和误差的区别是什么？

6. 什么是标准化？它和互换性有何关系？标准应如何分类？

7. 互换性对现代化生产有何重要意义？

第一章 极限与配合（GB/T 1800 与 GB/T 1804）

第一节　尺寸的术语及定义

知识要点

1. 孔和轴的含义及特点。
2. 尺寸的专业术语、名词及定义。
3. 偏差与公差的术语及定义。
4. 零件尺寸是否合格的判断方法。

重点内容概括（考点）

1. 尺寸：指以特定单位表示线性尺寸的数值，机械工程中以 mm 作为特定单位，国际通用长度单位为 m。

公称尺寸：指设计时给定的尺寸。公称尺寸是以 mm 为单位的整数值或小数值。公称尺寸可以根据强度、刚度、运动等条件计算得到，有时也可以通过实验、类比等方法直接选用。

实际尺寸：指通过测量获得的某一孔或轴的尺寸。由于测量过程中不可避免地存在误差，因此实际尺寸中包含有允许的测量误差，所以实际尺寸往往不是被测尺寸的真实大小（真正的尺寸）。

极限尺寸：指某一孔或轴尺寸允许变动的界限值，以公称尺寸为基数，允许的最大尺寸称为上极限尺寸，允许的最小尺寸称为下极限尺寸。完工零件的尺寸合格条件是任一局部实际尺寸均不得超出上、下极限尺寸，表示式为

对于孔：$D_{max} \geqslant D_a \geqslant D_{min}$

对于轴：$d_{max} \geqslant d_a \geqslant d_{min}$

2. 尺寸公差：指允许尺寸的变动量。尺寸公差是正值，公差的大小反映了工件的加工难易程度，公差大加工容易，反之加工困难。孔尺寸公差用“T_D”表示，轴尺寸公差用“T_d”表示。

3. 尺寸偏差：指某一尺寸（实际尺寸、极限尺寸等）减去公称尺寸所得的代数差。

上极限偏差：指上极限尺寸减其公称尺寸所得的代数差。

下极限偏差：指下极限尺寸减其公称尺寸所得的代数差。

尺寸的术语及关系式见表 1-1。

表 1-1

<table>
<tr><th colspan="2" rowspan="2">术语</th><th rowspan="2">术语定义</th><th colspan="2">术语表达</th><th rowspan="2">关系式</th></tr>
<tr><th>孔</th><th>轴</th></tr>
<tr><td colspan="2">公称尺寸</td><td>设计时给定的尺寸</td><td>D</td><td>d</td><td rowspan="8">对于孔
$D_{max} = D+ES$
$D_{min} = D+EI$
$T_D=D_{max}-D_{min}=ES-EI$
对于轴
$d_{max}=d+es$
$d_{min}=d+ei$
$T_d=d_{max}-d_{min}=es-ei$</td></tr>
<tr><td colspan="2">实际尺寸</td><td>通过测量获得的某一孔、轴的尺寸</td><td>D_a</td><td>d_a</td></tr>
<tr><td rowspan="2">极限尺寸</td><td>上极限尺寸</td><td rowspan="2">一个孔或轴允许的尺寸的两个界限值</td><td>D_{max}</td><td>d_{max}</td></tr>
<tr><td>下极限尺寸</td><td>D_{min}</td><td>d_{min}</td></tr>
<tr><td rowspan="2">尺寸偏差</td><td>上极限偏差</td><td>上极限尺寸减去公称尺寸所得</td><td>ES</td><td>es</td></tr>
<tr><td>下极限偏差</td><td>下极限尺寸减去公称尺寸所得</td><td>EI</td><td>ei</td></tr>
<tr><td colspan="2">尺寸公差</td><td>允许尺寸的变动量</td><td>T_D</td><td>T_d</td></tr>
</table>

注意：公差和极限偏差是两个不同的概念。公差的大小决定允许尺寸的变动范围，公差值是绝对值。极限偏差决定极限尺寸相对其公称尺寸的位置（在公差带图中），极限偏差可以是正值、负值或零。

练习题

一、判断题（正确的打√，错误的打 ×）

1. 国家标准规定，轴只是指圆柱形的外表面。（ ）
2. 零件装配后孔为包容面，轴为被包容面。（ ）
3. 凡是内表面皆为孔，外表面皆为轴。（ ）
4. 零件的极限偏差可以是正值、负值或零。（ ）
5. 公差通常为正，在个别情况下也可以为负。（ ）
6. 零件的实际尺寸即为零件的真值。（ ）
7. 某一尺寸减其公称尺寸的代数差是极限偏差。（ ）
8. 将某一孔或轴的直径正好加工到公称尺寸，则此孔或轴必然是合格件。（ ）
9. 实际尺寸是通过测量所得的尺寸，所以实际尺寸就是零件的真值。（ ）
10. 零件的极限偏差是用来控制实际偏差的。（ ）
11. 实际尺寸越接近其公称尺寸，则其精度越高。（ ）
12. 零件同一表面上不同位置的实际尺寸一定相等。（ ）
13. 尺寸公差是允许尺寸的变动量，因此当零件的实际尺寸等于其公称尺寸时其尺寸公差为零。（ ）
14. 公称尺寸是零件的理想尺寸。（ ）
15. 公差虽然为绝对值，但是公差值前面不能加“+”号。（ ）

16. 加工的实际尺寸越靠近公称尺寸就越精确。（　　）

17. 某孔要求尺寸为 $\phi 20_{-0.067}^{-0.046}$ mm，测得其实际尺寸为 ϕ19.962mm，可以判断该孔合格。（　　）

18. 由于上极限偏差一定大于下极限偏差，且偏差可正可负，因而一般情况下，上极限偏差为正值，下极限偏差为负值。（　　）

19. 尺寸公差是允许尺寸的变动量，是用绝对值来定义的，因而它没有正、负的含义。（　　）

20. 当零件的实际尺寸等于其公称尺寸时，其尺寸公差等于 0。（　　）

二、选择题（标 * 的为多项选择题）

1. 在切削过程中孔的尺寸________，轴的尺寸________。

A. 由小变大　　B. 由大变小　　C. 不会变化　　D. 无规律变化

2. 上极限尺寸与公称尺寸的关系是________。

A. 前者大于后者　B. 前者小于后者　C. 前者等于后者　D. 两者之间的大小无法确定

3. 国家标准规定，在机械加工中，通常以________作为尺寸的特定单位。

A. μm　　B. cm　　C. m　　D. mm

*4. 下列表述零件尺寸合格的条件，正确的有________。

A. 公称尺寸在上极限尺寸和下极限尺寸之间

B. 实际尺寸在上极限尺寸和下极限尺寸之间

C. 实际偏差在上极限偏差和下极限偏差之间

D. 实际尺寸（或实际偏差）在公差范围内

5. 上极限尺寸和公称尺寸都是________。

A. 设计时直接给定的　　B. 测量时得出的

C. 装配后得来的　　D. 加工时得来的

*6. 某一轴尺寸规格为 $d_{max}=\phi 30$mm；$d_{min}=\phi 29.905$mm。加工后的四根轴，均存在尺寸误差。对每根轴的最细、最粗部位及其他部位分别进行测量，尺寸合格的有________。

A. 第一根轴：ϕ29.99mm、ϕ29.87mm、ϕ29.93mm、ϕ29.98mm

B. 第二根轴：ϕ30mm、ϕ29.915mm、ϕ29.91mm、ϕ29.985mm

C. 第三根轴：ϕ29.905mm、ϕ29.97mm、ϕ29.975mm、ϕ29.96mm

D. 第四根轴：ϕ30mm、ϕ29.905mm、ϕ29.955mm、ϕ29.904mm

7. 上极限尺寸与下极限尺寸之差简称为________。

A. 偏差　　B. 误差　　C. 公差　　D. 上极限偏差

*8. 关于公差，下列说法中正确的是________。

A. 公称尺寸相同，公差值越小，加工越困难

B. 尺寸公差是尺寸的变动范围

C. 尺寸公差是用绝对值来定义的，故公差值前不应标“+”号

D. 尺寸公差是为了限制尺寸误差而设置的，尺寸误差只要在公差范围内，尺寸即合格

9. 上极限尺寸减其公称尺寸所得的代数差称为________。

A. 上极限偏差　　B. 下极限偏差　　C. 基本偏差　　D. 极限偏差

10. 实际偏差是________。

A. 设计时给定的　　B. 直接测量得到的

C. 通过测量，计算求得的　　D. 加工者自己设定的

11. 下列说法正确的是________。

A. 尺寸偏差越大，说明该尺寸与公称尺寸相差越大

B. 尺寸偏差的绝对值越大，说明该尺寸与其公称尺寸相差越大

C. 上极限偏差总是大于下极限偏差

D. 上极限偏差的绝对值一定大于下极限偏差的绝对值

*12. 关于零件尺寸合格的条件，下列说法正确的是________。

A. 实际尺寸在极限尺寸之间　　B. 实际尺寸在公差范围内

C. 实际偏差在公差范围内　　D. 实际偏差在极限偏差范围内

13. 关于偏差与公差的关系，下列说法正确的是________。

A. 实际偏差越大，公差越大　　B. 上极限偏差越大，公差越大

C. 上、下极限偏差越大，公差越大　　D. 上、下极限偏差之差的绝对值越大，公差越大

14. 公称尺寸是________。

A. 测量时得到的　B. 加工时得到的　C. 装配后得到的　D. 设计时给定的

15. 下极限尺寸减去其公称尺寸所得到的代数差为________。

A. 上极限偏差　B. 下极限偏差　C. 基本偏差　D. 实际偏差

*16. 关于尺寸，下列说法正确的是________。

A. 公称尺寸和极限尺寸都是设计时给定的

B. 只要实际尺寸在极限尺寸之间，零件的尺寸就合格

C. 只要公称尺寸在极限尺寸之间，零件的尺寸就合格

D. 实际尺寸是通过测量所得的尺寸

三、填空题

1. 长度的基本计量单位是________，机械制造中常用的单位为________。

2. 孔的公称尺寸常用字母________表示，轴的公称尺寸常用字母________表示；孔的上极限偏差用字母________表示，下极限偏差用字母________表示。

3. 公称尺寸是指____。

4. 实际偏差是指________，极限偏差是指____。

5. 已知公称尺寸 $\phi 25$mm 的轴，其下极限尺寸为 $\phi 24.98$mm，公差为 0.01mm，则它的上极限偏差是________mm，下极限偏差是________mm。

6. 允许尺寸变化的两个界限值分别是________和________。它们是以________为基数来确定的。

7. 零件的尺寸合格时，其实际尺寸在________和________之间，其________在上极限偏差和下极限偏差之间。

8. 通过测量获得的某一孔或轴的尺寸称为________。由于测量误差的存在，实际尺寸并非尺寸的________。

9. 尺寸公差是指________尺寸减________尺寸之差，或________偏差减________偏差

之差，它是允许尺寸的________。

四、简答题

1. 如何区分孔和轴？它们都有什么特点？

2. 按表 1-2 中给出的数值，计算表中空格处的数值，并将计算结果填入相应的空格内。

表　1-2　　（单位：mm）

公称尺寸	上极限尺寸	下极限尺寸	上极限偏差	下极限偏差	公差
ϕ15	15.043	15.025			
ϕ38			−0.007		0.039
ϕ60		60.034			0.089
ϕ100			+0.023	−0.045	

3. 已知轴的公称尺寸为 ϕ40mm，其上极限尺寸为 ϕ39.975mm，下极限尺寸为 ϕ39.950mm，求该轴的上、下极限偏差及公差。若该批轴中，个别轴实测后的尺寸为 ϕ39.999mm、ϕ40.000mm 和 ϕ39.940mm，问该三种尺寸的轴是合格品吗？

4. 已知孔的尺寸为 $\phi 90_{0}^{+0.054}$ mm，轴的尺寸为 $\phi 90_{+0.034}^{+0.069}$ mm，分别计算孔、轴的公称尺寸、极限尺寸、极限偏差和公差。

5. 公差与偏差有何根本区别？

第二节　标准公差和基本偏差

知识要点

1. 标准公差和基本偏差的概念。
2. 关于标准公差表、孔和轴基本偏差数值表的查表方法。
3. 查表计算孔和轴的极限偏差。
4. 孔和轴公差带图的意义及画图方法。
5. 未注公差的公差等级及公差数值。

重点内容概括（考点）

1. 公差是允许尺寸的变动量，没有正、负，也不可能为零。孔的尺寸公差用 T_D 表示，轴的尺寸公差用 T_d 表示。其大小为

对于孔　$T_D=D_{max}-D_{min}=ES-EI$

对于轴　$T_d=D_{max}-d_{min}=es-ei$

2. 公差带是表示零件的尺寸相对其公称尺寸所允许的变动范围。用图表示的公差带称为公差带图。在公差带图中，表示公称尺寸的一条直线称为零线。零线是确定基本偏差的一条基准线。偏差数值多以微米（μm）为单位进行标注。

作图步骤：

①选比例；②画零线；③画极限偏差线；④组成封闭框；⑤标注。

3. 公差带图是由公差带的大小和位置两个要素决定的，其大小取决于标准公差，其位置取决于基本偏差，二者均已标准化。

4. 标准公差是国家标准规定拥有确定公差带大小的任一公差，标准公差用 IT 表示。

1）标准公差等级：确定尺寸精确程度的等级称为标准公差等级。标准公差等级共分 20 级。全部标准公差等级系列为

高←————公差等级————→低

IT01、IT0、IT1、IT2、…、IT17、IT18

小←————标准公差数值————→大

2）标准公差数值：与公差等级和公称尺寸有关。同一公称尺寸的孔和轴，标准公差等级高，标准公差数值小；标准公差等级低，标准公差数值大。而同一公差等级的孔和轴，公称尺寸大，则标准公差数值大；公称尺寸小，则标准公差数值小。同一公差等级、同一尺寸段内各公称尺寸的标准公差数值是相同的。同一公差等级对所有公称尺寸的一组公差也被认为具有同等精确程度。

3）公差等级的选用原则：首先在满足零件使用要求的前提下，尽可能选用较低的公差等级，目的在于解决零件的使用性能要求与制造成本之间的矛盾。

常用配合公差等级为 IT5 ~ IT13，其中 IT5 ~ IT7 为高等精度，IT8 ~ IT10 为中等

精度，IT11 ~ IT13 属于低等精度。

5. 基本偏差是指用以确定公差带相对于零线位置的极限偏差（上极限偏差或下极限偏差），一般指靠近零线的那个极限偏差。

基本偏差代号用拉丁字母按顺序排列表示，大写字母表示孔，小写字母表示轴。在 26 个拉丁字母中去掉易混淆的五个字母：I、L、O、Q、W(i、l、o、q、w)，同时增加 CD、EF、FG、JS、ZA、ZB、ZC（cd、ef、fg、js、za、zb、zc) 七个双字母。

注：基本偏差系列中的 H(h)，其基本偏差为零；JS(js) 与零线对称，上极限偏差 ES(es)= + IT/2，下极限偏差 EI(ei) =–IT/2 ；上、下极限偏差均可作为基本偏差。

公差带中极限偏差的确定需要三个步骤：

① 查标准公差表，定 IT。

② 查基本偏差表，定基本偏差。

③ 算另一个极限偏差的数值。

对于孔，由于 IT=ES–EI，所以有：

ES 为基本偏差时　　EI=ES–IT

EI 为基本偏差时　　ES=EI+IT

对于轴，由于 IT=es–ei，所以有：

es 为基本偏差时　　ei=es–IT

ei 为基本偏差时　　es=ei+IT

6. 一般公差

1）一般公差是指在车间通常加工可保证的公差，是机床设备在正常维护和操作情况下能达到的经济加工精度。采用一般公差时，在该尺寸后不标注极限偏差或其他代号，所以也称为未注公差。

2）一般公差分为精密 f、中等 m、粗糙 c、最粗 v 共四个公差等级。

3）若采用国家标准 GB/T 1804—2000 规定的一般公差，应在图样标题栏附近或技术要求、技术文件上（如企业标准）注出该标准号及公差等级代号。

练习题

一、判断题（正确的打√，错误的打 ×）

1. 公差值越小，说明零件的精度越高。（　　）
2. 孔的基本偏差即下极限偏差，轴的基本偏差即上极限偏差。（　　）
3. 图样中给出的零件极限尺寸之差的绝对值越大，则公差等级越低。（　　）
4. 无论公称尺寸是否相同，公差值小的尺寸精度高。（　　）
5. 公差等级的选用应在保证使用要求的条件下，尽量选取较低的公差等级。（　　）
6. ϕ20f6、ϕ20f7 的上极限偏差是相同的，只是它们的下极限偏差各不相同。（　　）
7. 若已知 ϕ30f7 的基本偏差为 –0.02mm，则 ϕ30F7 的基本偏差一定是 +0.02mm。（　　）
8. 公差等级代号数字越大，精度越高。（　　）

9. 公差数值越大，零件尺寸精度越高。（ ）

10. 孔和轴的基本偏差各有 28 个代号。（ ）

11. 公差等级相同时，其加工精度一定相同。公差数值相等时，其加工精度不一定相同。（ ）

12. 标准公差数值与公差等级有关，而与基本偏差无关。（ ）

13. 给出公称尺寸和公差等级，就可以查标准公差表确定标准公差数值。（ ）

14. 基本偏差确定公差带的位置，标准公差数值确定公差带的大小。（ ）

15. 基本偏差确定公差带的位置，因而基本偏差值越小，公差带距零线越近。（ ）

16. 公差带代号是由基本偏差代号和公差等级数字组成的。（ ）

17. （$\phi100\pm0.07$）mm 的基本偏差是 +0.07mm，尺寸公差为 0.07mm。（ ）

18. 公称尺寸不同的零件，只要它们的公差等级相同，虽然公差数值不同，但认为它们具有相同的公差等级。（ ）

19. 基本偏差是两个极限偏差中数值较小的那个极限偏差。（ ）

20. 由基本偏差所确定的公差带位置反映了尺寸的精确程度。（ ）

21. 属同一公差等级的公差，不论公称尺寸如何，其公差数值都相等。（ ）

22. JS 相对公差带零线对称分布。（ ）

23. 基本偏差系列由标准化的基本偏差组成。（ ）

24. 基本偏差的大小通常都与公差等级有关。（ ）

25. K、k 和 N 随公差等级的不同，基本偏差有两种情况。（ ）

26. 对于轴的基本偏差，从 a ~ h 为上极限偏差 es，除 h 的 es=0，其余均小于零，其绝对值逐渐减小。（ ）

27. 依据尺寸公差数值的大小，即可判断精确程度的高低。（ ）

28. 公称尺寸不同的零件，只要它们的公差数值相同，就可以说明它们的精度要求相同。（ ）

29. 确定尺寸公差带的两条直线分别表示尺寸的上极限偏差和下极限偏差。（ ）

30. 在尺寸公差带图中，零线以上的为正偏差，零线以下的为负偏差。（ ）

31. 当上极限偏差和下极限偏差的绝对值相等时，基本偏差可以是上极限偏差，也可以是下极限偏差。（ ）

32. 在尺寸公差带图中，由孔和轴公差带的相对位置关系可以确定孔、轴的配合性质。（ ）

33. 不论公差数值是否相等，只要公差等级相同，则尺寸的精度就相同。（ ）

34. 尺寸 $\phi50^{+0.090}_{0}$ mm 和 $\phi50\pm0.045$mm 的精确程度相等。（ ）

35. 由于基本偏差为靠近零线的那个偏差，因而一般以数值小的那个偏差作为基本偏差。（ ）

36. 尺寸 $\phi80^{+0.05}_{+0.02}$ mm 和 $\phi80^{-0.033}_{-0.063}$ mm 的公差等级相同。（ ）

37. 在图样上没有标注公差的尺寸就是自由尺寸，没有公差要求。（ ）

38. 未注公差尺寸即对该尺寸无公差要求。（ ）

39. 国家标准规定“未注公差尺寸”的极限偏差为 ±IT/2。（ ）

二、选择题（标 * 的为多项选择题）

1. 公差带大小是由________决定的。

A. 标准公差　B. 基本偏差　C. 配合公差　D. 公称尺寸

2. 标准公差设置了________个公差等级。

A. 18　B. 28　C. 20　D. 13

3. 由零件上、下极限偏差所限定的区域称为________。

A. 尺寸公差带图　B. 尺寸公差带　C. 配合公差带图　D. 配合公差带

*4. 下列关于基本偏差的论述中正确的有________。

A. 基本偏差数值大小取决于基本偏差代号

B. 轴的基本偏差为下极限偏差

C. 基本偏差的数值与公差等级无关

D. 基本偏差代号为 A ~ H 的孔的基本偏差为上极限偏差

5. ϕ20p6、ϕ20p7 和 ϕ20p8 三个公差带________。

A. 上极限偏差相同、下极限偏差也相同　B. 上极限偏差相同但下极限偏差不同

C. 上极限偏差不同但下极限偏差相同　D. 上、下极限偏差各不相同

6. 一般配合尺寸的公差等级范围大致为________。

A. IT1 ~ IT7　B. IT2 ~ IT5　C. IT5 ~ IT13　D. IT8 ~ IT14

7. IT11 ~ IT13 属于________。

A. 高精度配合　B. 中等精度配合　C. 低精度配合　D. 非配合

8. 公差带在零线上方，其基本偏差为________。

A. 上极限偏差　B. 下极限偏差

C. 零　D. 上极限偏差或下极限偏差

*9. 标准公差数值与________有关。

A. 公称尺寸　B. 基本偏差　C. 公差等级　D. 配合性质

10. 比较相同尺寸的精度，取决于________。

A. 偏差值的大小　B. 公差数值的大小

C. 基本偏差值的大小　D. 实际偏差的大小

11. 尺寸公差带图的零线表示________。

A. 上极限尺寸　B. 下极限尺寸　C. 公称尺寸　D. 实际尺寸

12. 基本偏差为________。

A. 上极限偏差　B. 下极限偏差

C. 上极限偏差和下极限偏差　D. 上极限偏差或下极限偏差

13. 确定不在同一尺寸段内的两个尺寸的精确程度，根据________。

A. 两个尺寸的公差等级　B. 两个尺寸的基本偏差

C. 两个尺寸的极限偏差　D. 两个尺寸的实际偏差

14. 基本偏差代号是 A ~ H 的孔的基本偏差是________。

A. EI　B. ES　C. es　D. ei

15. 当轴的基本偏差为上极限偏差时，计算下极限偏差数值的计算公式为________。

A. es=ei+IT　　B. EI=ES−IT　　C. ei=es+IT　　D. ei=es−IT

16. 下列尺寸代号中，精度最高的是________。

A. ϕ30h8　　B. ϕ70D6　　C. ϕ50a7　　D. ϕ80F5

*17. 下列叙述中，错误的有________。

A. 标准公差除了与公差等级、公称尺寸有关外，还与该零件是孔还是轴有关

B. 公差带图中孔、轴的极限偏差单位常用 μm

C. 在任何情况下，只要公称尺寸大，标准公差值就大

D. 基本偏差确定公差带的位置，因此，基本偏差数值越小，公差带离零线越近

三、填空题

1. 孔和轴的公差带由________决定大小，由________决定位置。

2. 已知孔的尺寸为 $\phi 65^{-0.042}_{-0.072}$ mm，其公差等级为________，基本偏差代号为________。

3. 孔的尺寸为 ϕ50P8，其上极限偏差为________mm，下极限偏差为________mm。

4. 孔的尺寸为 ϕ50JS8，其上极限尺寸是________mm，下极限尺寸是________mm。

5. 轴的尺寸为 ϕ48j7，其基本偏差是________mm，下极限尺寸是________mm。

6. 公称尺寸小于或等于 500mm 的标准公差的大小，随公称尺寸的增大而________，随公差等级的提高而________。

7. 公差等级的选择原则是________的前提下，尽量选用________的公差等级。

8. $\phi 60^{+0.046}_{0}$ mm 孔的基本偏差数值为________mm，$\phi 50^{-0.025}_{-0.050}$ mm 轴的基本偏差数值为________mm。

9. 在公差带图中，表示公称尺寸的一条直线称为________，在此线以上的偏差为________，在此线以下的偏差为________。

10. 尺寸的公差等级共有________级，孔和轴各有________个基本偏差代号。

11. 国家标准中设置了________个标准公差等级，其中________级精度最高，________级精度最低。

12. 基本偏差是指上极限偏差或下极限偏差，一般指靠近________的那个偏差，孔的基本偏差从________至________为下极限偏差，它们的绝对值逐渐________；从________至________为上极限偏差，其绝对值逐渐________。

13. 国家标准中规定了孔、轴各________公差带的位置，基本偏差代号是用________按顺序排列表示的，________代表孔，________代表轴。

14. 未注公差分为________、________、________、最粗 v 共四个公差等级。

15. 未注公差角度的公差等级在图样或技术文件上用________和________表示。

四、简答题

1. 什么是标准公差？它的大小取决于哪些要素？

2. 什么是基本偏差？它的大小与哪些要素有关？

3. 画出孔 $\phi 50^{+0.039}_{0}$ mm 的尺寸公差带图。

4. 画出轴 $\phi 50^{0}_{-0.025}$ mm 的尺寸公差带图。

5. 查标准公差表与基本偏差表，完成表 1-3。

表　1-3

公差代号	ϕ25f8	ϕ30n7	ϕ50H7	ϕ100N8
公称尺寸				
标准公差等级				
基本偏差代号				
公差数值				
上极限偏差				
下极限偏差				
上极限尺寸				
下极限尺寸				
偏差式标注				

6. 已知相互配合的轴和孔，其公称尺寸为 ϕ60mm，轴的基本偏差代号为 h，标准公差等级为 IT5；孔的基本偏差代号为 R，标准公差等级为 IT6。

（1）查表确定孔、轴的标准公差和基本偏差数值。

（2）计算另一极限偏差、极限尺寸，并画出公差带图。

7. 查表并分别画出孔和轴配合 ϕ120M7/h6 和 ϕ65H8/js7 的公差带图。

8. 什么是一般公差？线性尺寸的一般公差分为哪几级？在图样上如何表示？

9. 一般公差为什么也称为未注公差？主要用于什么场合？

第三节　孔和轴配合

知识要点

1. 关于配合的概念及分类。
2. 配合性质的判断。
3. 运用相关公式进行极限盈隙的计算。
4. 配合公差带图的绘制。
5. 基孔制和基轴制的定义、特点及各自的应用场合。

重点内容概括（考点）

1. 配合是指公称尺寸相同的相互结合的孔和轴的公差带之间的位置关系，它反映零件组装后的松紧程度。

2. 根据装配后松紧程度的不同将配合分为三类：

1）间隙配合。孔的尺寸减去相配合的轴的尺寸之代数差为正时，此差值为间隙，以 S 表示。间隙数值前应标“+”号。保证具有间隙（包括最小间隙等于零）的配合，称为间隙配合。此时，孔的公差带在轴的公差带之上。

最大间隙：$S_{max} = D_{max} - d_{min} = ES - ei$

最小间隙：$S_{min} = D_{min} - d_{max} = EI - es$

配合公差：$T_f = | S_{max} - S_{min} | = T_D + T_d$

2）过盈配合。孔的尺寸减去相配合的轴的尺寸之代数差为负时，此差值为过盈，以 δ 表示。过盈数值前应标“–”号。保证具有过盈（包括最小过盈等于零）的配合，称为过盈配合。此时，孔的公差带在轴的公差带之下。

最大过盈：$\delta_{max} = D_{min} - d_{max} = EI - es$

最小过盈：$\delta_{min} = D_{max} - d_{min} = ES - ei$

配合公差：$T_f = | \delta_{max} - \delta_{min} | = T_D + T_d$

3）过渡配合。可能具有间隙也可能具有过盈的配合，称为过渡配合。此时，孔的公差带与轴的公差带相互交叠，间隙和过盈只有最大值没有最小值。

最大间隙：$S_{max} = D_{max} - d_{min} = ES - ei$

最大过盈：$\delta_{max} = D_{min} - d_{max} = EI - es$

配合公差：$T_f = | S_{max} - \delta_{max} | = T_D + T_d$

3. 配合精度的高低是由相互配合的孔与轴的精度决定的。配合精度要求越高，孔与轴的精度要求也就越高，加工越困难，加工成本就越高；反之，孔与轴的加工越容易，加工成本越低。

4. 在有基本偏差代号的尺寸标注中，可由基本偏差代号和公差带图来判断其配合性质。当尺寸中只标注偏差的大小时，就要依据极限偏差的大小来判断配合性质。当 EI ⩾ es 时，配合为间隙配合；当 ei ⩾ ES 时，配合为过盈配合；以上两条同时不成立，配合为过渡配合。

5. 配合公差带图是以零间隙（零过盈）为零线，用适当的比例画出极限间隙或极限过盈，以表示间隙或过盈允许变动范围的图形。由代表极限间隙或极限过盈的两条直线所限定的区域，称为配合公差带。

6. 标准规定了两种基准制：基孔制和基轴制。

1）基孔制配合是基本偏差为一定的孔的公差带，与不同基本偏差的轴的公差带形成各种配合的一种制度。在基孔制配合中，孔是基准件，称为基准孔，以基本偏差代号 H 表示；轴是非基准件，称为配合轴。基准孔的基本偏差是下极限偏差，且等于零。

在机械产品的设计中应优先采用基孔制，因为孔比轴的加工要难些，所用的刀具、量具的数量和规格也多，所以在条件允许的情况下尽量采用基孔制，这样不仅有利于生产，也比较经济合理。

2）基轴制配合是基本偏差为一定的轴的公差带，与不同基本偏差的孔的公差带形成各种配合的一种制度。在基轴制配合中，轴是基准件，称为基准轴，以基本偏差代号 h 表示；孔是非基准件，称为配合孔。基准轴的基本偏差是上极限偏差，且等于零。

在有些特殊情形中采用基轴制比较经济合理。

练习题

一、判断题（正确的打√，错误的打 ×）

1. 基轴制过渡配合的孔，其下极限偏差必小于零。（ ）
2. 过渡配合可能具有间隙，也可能具有过盈。因此，过渡配合可能是间隙配合，也可能是过盈配合。（ ）
3. 图样中标注 $\phi 30^{+0.033}_{0}$ mm 的孔，该孔为基准孔。（ ）
4. 孔、轴公差带的相对位置反映加工的难易程度。（ ）
5. 最小间隙配合与最小过盈等于零的配合，二者实质相同。（ ）
6. 从制造角度讲，基孔制的特点是先加工孔，基轴制的特点是先加工轴。（ ）
7. 从工艺和经济方面考虑，应优先选用基轴制。（ ）
8. 基本偏差 a ~ h 的轴与基准孔构成间隙配合，其中 h 配合最松。（ ）
9. 配合公差的大小等于相配合的孔和轴公差之和。（ ）
10. 孔的公称尺寸一定要大于轴的公称尺寸才能配合。（ ）
11. 基本偏差 A ~ H 的孔与基准轴配合时，其中 H 配合最紧。（ ）
12. 配合公差是指在各类配合中，允许间隙或过盈的变动量。（ ）
13. 相互配合的孔和轴，其公称尺寸必须相同。（ ）
14. 只要孔和轴装配在一起，就必然形成配合。（ ）
15. 间隙等于孔的尺寸减去相配合的轴的尺寸之差。（ ）
16. 配合公差的数值越小，则相互配合的孔、轴的公差等级越高。（ ）
17. 孔的实际尺寸小于轴的实际尺寸，它们装配时产生过盈，称为过盈配合。（ ）
18. 公称尺寸相同的孔和轴便可构成配合。（ ）
19. 在间隙配合中，实际间隙的大小等于孔的实际尺寸减去相配合的轴的实际尺寸。（ ）
20. 孔、轴配合的最大过盈为 −60μm，可以分析判断该配合属于过盈配合。（ ）
21. 配合公差可以为正值、负值或零。（ ）
22. 间隙的存在是配合后能够产生相对运动的基本条件。（ ）
23. 凡在配合中出现过盈的，就一定是过盈配合。（ ）
24. 通过孔、轴尺寸公差带图，可以判定孔和轴配合的性质。（ ）
25. 孔、轴的加工精度越高，则其配合精度也就越高。（ ）
26. 基准孔的下极限尺寸等于其公称尺寸，而基准轴的上极限尺寸等于其公称尺寸。（ ）
27. 基轴制配合中轴为基准件，孔为非基准件。（ ）
28. 采用基孔制配合一定比采用基轴制配合的加工经济性好。（ ）
29. 为满足配合的特殊需要，可以采用混合配合。（ ）

二、选择题（标 * 的为多项选择题）

1. 孔和轴的公差带相互交叠，随着孔、轴实际尺寸的变化可能得到间隙或过盈配合，称为________。

A. 间隙配合　　B. 过盈配合　　C. 过渡配合　　D. 间隙、过盈配合

2. 以下各种情况中，应选用间隙配合的场合是________。

A. 要求定心精度高　　B. 工作时无相对运动

C. 不可拆卸　　D. 转动、移动或复合运动

*3. 下列配合零件，应选用过盈配合的场合有________。

A. 需要传递足够大的转矩　　B. 不可拆连接

C. 有轴向运动　　D. 要求定心且常拆卸

4. 下列关于公差与配合的选择论述正确的是________。

A. 从经济性考虑应优先选用基孔制

B. 在任何情况下应尽量选用低的公差等级

C. 配合的选择方法一般有计算法、类比法和调整法

D. 从结构上考虑应优先选用基轴制

5. 孔、轴配合须满足________相同。

A. 极限尺寸　　B. 公称尺寸　　C. 基本偏差代号　D. 公差等级

*6. 下列正确的论述有________。

A. ϕ20g8mm 比 ϕ20h7mm 的精度高

B. $\phi 500_{-0.013}^{\ 0}$ mm 比 $\phi 250_{\ 0}^{+0.013}$ mm 的精度高

C. 国家标准规定不允许孔、轴公差带组成非基准制配合

D. 零件的尺寸精度高，则其配合公差小

7. 有一孔的尺寸为 ϕ25H8($_{\ 0}^{+0.033}$ mm)，轴的尺寸为 ϕ25f8($_{-0.034}^{-0.016}$ mm)，若它们相配合，则构成________。

A. 基孔制的间隙配合　　B. 基孔制的过渡配合　　C. 基轴制的过盈配合

8. 下列孔、轴配合中，不宜选用过渡配合的场合有________。

A. 既要求对中，又要拆卸方便　　B. 高温下工作，零件变形大

C. 保证静止，传递载荷的可拆结合　　D. 要求定心性好，载荷由键传递

9. 在过盈配合中，孔的公差带和轴的公差带的位置关系为________。

A. 孔的公差带一定在轴的公差带上方

B. 孔的公差带一定在轴的公差带下方

C. 孔的公差带一定在零线上方

D. 轴的公差带一定在零线上方

10. 当孔的上极限尺寸减去轴的下极限尺寸的代数差为负值时，此代数差称为________。

A. 最大间隙　　B. 最小间隙　　C. 最大过盈　　D. 最小过盈

11. 在过盈配合中，孔的实际尺寸总是________轴的实际尺寸。

A. 大于或等于　　B. 小于　　C. 小于或等于　　D. 大于

12. 基本偏差代号为 A、H 的孔与基本偏差代号为 h 的轴可以构成________。

A. 间隙配合　　B. 过渡配合　　C. 过盈配合　　D. 间隙配合或过渡配合

*13. 下列轴与基准孔配合，可以组成间隙配合的有________。

A. 轴的上、下极限偏差均为负值

B. 轴的上极限偏差为正值，下极限偏差为负值

C. 轴的上极限偏差为零，下极限偏差小于零

D. 轴的上、下极限偏差均为正值

*14. 下列表达式不正确的有________。

A. ES=+0.012　　B. S_{max}=+0.018　　C. es=0.008　　D. δ_{max}=+0.006

*15. 下列关系式中属于间隙配合的有________，属于过盈配合的有________。

A. ES ＞ ei　　B. EI ＞ es　　C. D_{min} ＞ d_{max}　　D. D_{max} ＞ d_{min}

E. D_{max} ＜ d_{min}　　F. ES ＜ ei　　G. EI ＜ es　　H. D_{max} ＜ d_{max}

*16. 国家标准规定优先选用基孔制是因为________。

A. 孔的加工属于内部加工，比轴的加工难

B. 可以减少定尺寸孔用刀具、量具的规格和数量

C. 有利于生产和储备

D. 降低生产成本，提高生产率

17. 基轴制配合中的孔和基孔制配合中的轴都是________，基轴制配合中的轴和基孔制配合中的孔都是________。

A. 基准件　　B. 非基准件　　C. 无法确定

18. 在基孔制配合中，当基准孔的公差带确定后，配合的最小间隙或最小过盈由轴的________确定。

A. 基本偏差　　B. 实际偏差　　C. 标准公差等级　D. 公差数值

*19. 下列情况中应优先选用基轴制的是________。

A. 滚动轴承内圈与转轴轴径的配合

B. 滚动轴承外圈与壳体孔的配合

C. 在农业和纺织机械中，使用标准公差等级 IT8 的冷拔光轴

D. 一根轴和多个孔相配时的场合

三、填空题

1. 配合表示________相同，相互结合的孔、轴________之间的位置关系。

2. 孔的尺寸减去相配合的轴的尺寸代数差为正值时是________，用________表示，数值前需要标________号；孔的尺寸减去相配合的轴的尺寸代数差为负值时是________，用________表示，数值前需要标________号。

3. 按公差带位置关系的不同，配合可分为________、________和________。孔、轴公差带相互交叠的配合是________配合。

4. 配合公差是指允许________或________的变动量，用符号________表示。它与尺寸公差一样，其数值必定是________值。

5. 已知某一基轴制的轴的公差为 0.021mm，那么该轴的上极限偏差是________，下极限偏差是________。

6. 配合精度的高低是由相互结合的________和________的精度决定的。配合公差越大，配合精度________；配合公差越小，配合精度________。

7. 在配合公差带图中，由代表________或________的两条直线所限定的区域，称为配合公差带。

8. 在配合公差带图中，零线以上表示________，零线以下表示________。因此，配合公差带完全在零线之上为________配合；完全在零线以下为________配合，跨度在零线上、下两侧的，则为________配合。

9. 基孔制配合是指基本偏差为________的________，与不同基本偏差的________的公差带形成各种配合的一种制度。在基孔制中，孔是________，称为________，以基本偏差代号________表示；轴是非基准件，称为________。

10. 基准孔的基本偏差是________，大小等于________，________等于其公称尺寸；基准轴的基本偏差是________，大小等于________，________等于其公称尺寸。

11. 已知某基准孔的公差为 0.013mm，则它的上极限偏差是________，下极限偏差是________。

12. $\phi 40^{+0.021}_{0}$ mm 的孔与 $\phi 40^{-0.009}_{-0.025}$ mm 的轴配合，属于________制________配合。

13. $\phi 60^{+0.009}_{-0.012}$ mm 的孔与 $\phi 60^{0}_{-0.032}$ mm 的轴配合，属于________制________配合。

14. ϕ50mm 的基孔制孔轴配合，已知其最小间隙为 +0.05mm，则轴的上极限偏差是________。

15. 孔轴配合为 $\phi 50\dfrac{H8}{h8}$，其最小间隙为________，最大间隙为________。

16. 孔轴配合的最大过盈为 −60μm，配合公差为 40μm，可以判断该配合属于________配合。

17. $\phi 40^{+0.002}_{-0.023}$ mm 的孔与 $\phi 40^{+0.015}_{-0.007}$ mm 轴的配合属于________配合，其极限间隙或极限过盈为________和________。

四、简答题

1. 什么是配合？配合可以分为几类？

2. 画出几类配合的孔和轴公差带位置图，并在图形中标注极限盈隙。

3. 什么是基孔制配合？为什么优先选用基孔制？

4. 什么是基轴制配合？哪些情况下选用基轴制？

5. 有一孔轴配合，公称尺寸 D=60mm，最大间隙 S_{max}=+40μm，孔的公差 T_D=30μm，轴的公差 T_d=20μm，es=0。求 ES、EI、T_f、S_{min}（或 δ_{max}），并按标准规定标注孔、轴的尺寸。

6. 某孔轴配合，公称尺寸为 ϕ50mm，孔公差为 IT8，轴公差为 IT7，已知孔的上极限偏差为 +0.039mm，要求配合的最小间隙为 +0.009mm，试确定孔、轴的尺寸。

7. 已知轴的尺寸为 $\phi 50^{\ 0}_{-0.025}$ mm，孔的尺寸为 $\phi 50^{+0.039}_{\ 0}$ mm，求：
（1）画出孔、轴的公差带图。
（2）判断配合性质，计算极限盈隙和配合公差。
（3）画出配合公差带图。

8. 已知某孔轴配合的公称尺寸为 ϕ80mm，配合公差 T_f = 49μm，最大间隙 S_{max} = +19μm，孔的公差 T_D = 30μm，轴的下极限偏差 ei = + 11μm，求：
（1）画出该配合的尺寸公差带图和配合公差带图。
（2）说明配合类别。

9. 某孔的尺寸为 $\phi 70^{+0.013}_{-0.015}$ mm，与某轴配合，要求 S_{max}=+0.011mm，T_f=0.051mm，求轴的上、下极限偏差。

10. 某孔和轴配合的公称尺寸为 ϕ30mm，最大间隙 S_{max}=+23μm，最大过盈 δ_{max}=−20μm，孔的公差 T_D=20μm，轴的上极限偏差 es=0，试确定孔、轴的尺寸。

11. 已知某孔轴配合中轴的尺寸为 ϕ10h8，S_{max}=+0.007mm，δ_{max}=−0.037mm，试计算孔的尺寸并说明该配合是什么基准制，什么配合类别。

12. 已知公称尺寸为 ϕ30mm 的基孔制的孔和轴同级配合，T_f=0.066mm，δ_{max}=−0.081mm，求孔、轴的上、下极限偏差。

13. 有一孔轴配合，其配合代号为 ϕ30H8/f7，进行计算和画出公差带图（包括配合公差带图），且判断其配合性质。

14. 有一公称尺寸为 ϕ50mm 的基准孔和基准轴相配合，配合的公差等级相同，配合公差 T_f=78μm，试确定孔、轴的极限偏差并写成标注形式。

15. 有一公称尺寸为 ϕ100mm 的基孔制同级配合的孔和轴，已知配合公差 T_f=0.174mm，S_{max}=+0.294mm，求：

（1）该配合孔、轴的极限偏差、公差。

（2）判断配合性质。

（3）求出另一极限盈隙。

16. 分析图 1-1 中孔和轴的配合属于哪一种基准制（基孔制或基轴制）及哪一类配合（间隙配合、过渡配合、过盈配合），并在图 1-1 中标出极限盈隙（S_{max}、S_{min}、δ_{max}、δ_{min}）。

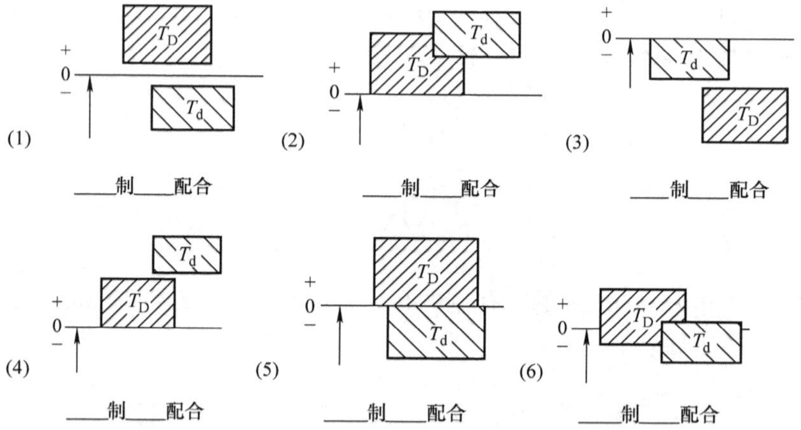

图 1-1

第四节　公差带代号和配合代号

知识要点

1. 公差带代号和配合代号的组成结构。
2. 在图样中按要求标注孔、轴公差带代号和配合代号。
3. 识读、分析公差带代号和配合代号。

重点内容概括（考点）

1. 孔、轴公差代号由基本偏差代号与公差等级代号组成，由字母和数字的组合构成，字母大写代表孔，字母小写代表轴。

2. 公差带代号的标注有三种形式（同一张零件图上，其公差带只能选用其中一种标注形式）。

1）标注极限偏差值（如 $\phi 50^{+0.039}_{0}$），用于小批量或单件生产中，便于加工检测时进行对照。

2）标注公差带代号（如 ϕ50H8），用于大批量生产，便于采用专用量具统一检测零件。

3）标注公差代号和极限偏差值 [如 ϕ50H8（$^{+0.039}_{0}$）]，用于产品转产较频繁的生产中。

3. 配合代号用孔、轴公差带的组合表示，分子为孔、分母为轴，如 ϕ50H8/f7 或 $\phi 50\frac{H8}{f7}$。

4. 配合性质不仅取决于孔、轴的基本偏差，还与公差等级有一定的关系。当配合件与基准件相配合时，归纳如下：a~h（A~H) 不论用于较高的公差等级，还是用于较低的公差等级，均为间隙配合；j~zc（J~ZC）属于过渡或过盈配合，同一公差带在不同的使用系列中，可能是过渡配合，也可能是过盈配合，但在国家标准规定的优先配合系列中，j~n（J~N）为过渡配合，p~zc（P~ZC）为过盈配合。

5. 国家标准规定的优先、常用配合在孔、轴公差等级的选用上应遵循“工艺等价原则”，即所选用的孔、轴的加工难易程度基本相当。在公称尺寸小于 500mm 时，以孔的公差等级 IT8 为界，高于 IT8 的孔均与高一级的轴配合，如 H7/g6、H7/h6 等；低于 IT8 的孔均与同级的轴配合，如 H9/d9、H11/k11 等；IT8 的孔可与同级或高一级的轴配合，如 H7/h8 或 H8/g8。根据上述原则可以判断配合代号使用得是否正确。

练习题

一、判断题（正确的打√，错误的打 ×）

1. 孔轴配合为 ϕ30H7/k6，根据国家标准的优先原则可以判断是过渡配合。（　　）
2. 配合代号是由孔公差带代号和轴公差带代号按分数的形式组合而成的。（　　）
3. 公差带代号是由基本偏差代号和公差等级数字组成的。（　　）
4. 配合 H7/g6 比 H7/s6 要紧。（　　）
5. 公差等级代号数字越大，精度越高。（　　）
6. 一般来讲 ϕ50F6 比 ϕ50p6 难加工。（　　）
7. 公差带代号与公称尺寸数字采用同一字号字体书写。（　　）
8. 当公差带代号中的字母为大写的 H 时，代表孔是一个配合孔。（　　）
9. 配合性质只取决于孔、轴的基本偏差，无论何时与公差等级都无关。（　　）
10. 标注偏差值的标注方式常用于小批量或单件生产中，便于加工检测时进行对照。（　　）
11. 上极限偏差或下极限偏差为零时，可以不用标出数值“0”。（　　）
12. 在配合标注中只要分子上出现“H”，就是基孔制配合。（　　）

二、选择题（标 * 的为多项选择题）

1. ϕ30 F7/h6 属于________。

A. 基孔制的间隙配合　　B. 基轴制的过盈配合

C. 基轴制的间隙配合　　D. 基孔制的过盈配合

*2. 下列孔轴配合中，选用正确的是________。

A. H8/e8　　B. H6/g5　　C. G6/h7　　D. H7/k6

*3. 以下各组配合中，配合性质相同的有________。

A. ϕ50 H7/f6 和 ϕ50 F7/h6　　B. ϕ50 P7/h6 和 ϕ50 H8/p7

C. ϕ50 M8/h7 和 ϕ50 H8/m7　　D. ϕ50 H8/m7 和 ϕ50 H7/f6

*4. 下列配合代号标注不正确的是________。

A. ϕ30 H7/k7　　B. ϕ30 H7/p6　　C. ϕ30 h7/D8　　D. ϕ30 H8/h7

5. 公差带大小是由________决定的。

A. 标准公差　　B. 基本偏差　　C. 配合公差　　D. 公称尺寸

*6. 下列配合中是间隙配合的有________。

A. ϕ30 H7/g6　　B. ϕ30 H8/f7　　C. ϕ30 H8/m7　　D. ϕ30 H7/t6

7. 下列孔轴配合中属于过盈配合的是________。

A. ϕ50 H7/g6　　B. ϕ50 G7/h6　　C. ϕ50 H6/t5　　D. ϕ50 F6/h5

*8. 下列孔与基准轴的配合能够组成间隙配合的是________。

A. 基本偏差代号为“H”的孔　　B. 基本偏差代号为“C”的孔

C. 基本偏差代号为“JS”的孔　　D. 基本偏差代号为“P”的孔

9. H7/f6 的配合性质为________，基准制是________。

A. 过渡配合　　B. 间隙配合　　C. 过盈配合　　D. 基孔制　　E. 基轴制

*10. 下列配合代号标注正确的是________。

A. ϕ40 H6/f7　　B. ϕ40 H7/p6　　C. ϕ40 h7/D8　　D. ϕ40 h8/h7

*11. 在常用配合中，公差等级 IT8 的孔不能与________的轴配合。

A. 高一级　　B. 低一级　　C. 同级　　D. 高二级

三、填空题

1. 配合代号用孔、轴公差带代号的组合表示，写成分数形式，分子为________的公差带代号，分母为________的公差带代号。

2. 孔轴配合代号是由________代号和________代号组成的，例如 ϕ60H8，其中 H8 表示________，H 表示________，8 表示________。

3. 在标注尺寸偏差时上、下极限偏差的字体要比公称尺寸字体________一号。上极限偏差注在公称尺寸的________；下极限偏差注在公称尺寸的________，下极限偏差的数字必须与公称尺寸数字在________上。

4. 国家标准规定，孔、轴公差带的标注有________、________和________三种方法。配合代号标注常用的有________和________。

5. 在极限偏差式标注中，上、下极限偏差的小数点需________。若需要同时标注公差带代号和极限偏差值时，应在上、下极限偏差值前面加上________。

6. “工艺等价原则”是指所选用的孔、轴的________基本相当，公差等级高于 IT8 的孔均与________轴相配；公差等级低于 IT8 的孔均和________级的轴相配，公差等级等于 IT8 的孔均和________级的轴相配。

四、简答题

1. 下列尺寸标注是否正确？如有错误请改正。

（1）$\phi 20^{+0.021}_{+0.015}$

（2）$\phi 20^{+0.013}_{-0.015}$

（3）$\phi 37^{+0.033}_{0}$

（4）$\phi 80^{-0.041}_{-0.025}$

（5）$\phi 60^{0}_{+0.046}$

（6）$\phi 80^{+0.017}_{+0.045}$

（7）ϕ30 H8/f6

（8）ϕ50 H6/g6

（9）ϕ48 F9/h7

2. 孔和轴配合有几种基准制？

3. 什么是“工艺等价原则”？

4. 孔、轴公差带有几种标注方式？分别用于什么场合？

5. 标注孔、轴公差带时，需要注意哪些问题？

6. 当配合件与基准件相配合时，如何判断配合的性质？

7. 识读下列公差带代号和配合代号的含义。

（1）ϕ20G7

（2）ϕ80f8

（3）ϕ50H8/f7

（4）ϕ70M7/h6

第五节　公差带和配合的选择

知识要点

1. 配合制的选用原则及其特殊情况。
2. 公差带及配合的选用顺序。
3. 公差等级的选用原则及其选用方法。
4. 配合性质的选用依据。
5. 各种性质配合的应用场合。

重点内容概括（考点）

1. 配合制的选用主要考虑加工工艺性、经济性、零件结构的合理性和采用标准件的情况等方面的因素。一般情况下，应优先采用基孔制；在某些情况下，可采用基轴制；与标准件配合时，配合制的选择通常依据标准件而定；如有特殊需要允许采用上述两种基准制以外的任意孔、轴公差带组成的配合，即允许采用混合配合。

2. 国家标准对孔和轴所选用的公差带做了必要的限制。GB/T 1801—2009 对公称尺寸 ≤ 500mm 的孔、轴规定了优先、常用和一般用途三类公差带。在使用中，对各类公差带选择的顺序是：先选用优先公差带，其次选用常用公差带，再选用一般用途公差带。

3. 公差等级的选择：公差等级高的产品使用性能好，但加工困难，生产成本高。反之，公差等级低的产品加工容易，生产成本低，但产品的使用性能较差。因此选择公差等级要综合考虑使用性和经济性两方面的因素。选择公差等级的原则：在满足零件使用要求的前提下，尽量选择较低的公差等级。公差等级的选用方法主要有计算法、类比法和实验法。计算法科学，但比较麻烦。目前大多数情况下采用类比法。实验法可靠、合理，但成本比较高。

4. 配合的选择。首先应选用优先公差带和优先配合；其次选用常用公差带和常用配合；再次选用一般用途公差带。必要时可按国家标准规定的标准公差与基本偏差自行组成孔、轴公差带及配合。选择配合的具体方法有计算法、类比法和实验法三种。一般情况下，通常采用类比法。

5. 配合性质的选择：主要依据是使用要求。在实际选择中，除少数可用计算法外，多数采用类比法和实验法选择配合种类。用类比法选择配合性质时，先由工作条件确定配合性质，再进一步选择配合的松紧程度。配合性质主要取决于基本偏差，同时还与公差等级及公称尺寸有关。

1）过盈配合具有一定的过盈量，主要用于结合件间的无相对运动、不需要拆卸的静连接。当过盈量较小时，只作为精确定心之用；过盈量较大时可直接用于传递转矩。

2）过渡配合可能具有间隙也可能具有过盈，因其量值小，主要用于精确定心、结合件间无相对运动和可拆卸的静连接，要传递转矩时则需要紧固件。

3）间隙配合具有一定的间隙，间隙小时主要用于精确定心又便于拆卸的静连接，或结合件间只有缓慢移动或转动的动连接；间隙较大时主要用于结合件间有转动、移动或复合运动的动连接。

练习题

一、判断题（正确的打√，错误的打 ×）

1. 从制造角度讲，基孔制的特点是先加工孔，基轴制的特点是先加工轴。（　　）

2. 从工艺性和经济性考虑，应优先选用基轴制。（　　）

3. 有相对运动的配合应选用间隙配合，无相对运动的配合均应选用过盈配合。（　　）

4. 选用公差带时，应按常用、优先、一般公差带的顺序选取。（　　）

5. 在基孔制或基轴制的间隙配合中，轴的公差带一定在零线以上，孔的公差带一定在零线以下。（　　）

6. 基轴制的常用配合是基准轴和孔的常用公差带形成的配合。孔的常用公差带有 44 种，因而基轴制的常用配合也有 44 种。（　　）

7. 在实际生产中，允许根据需要采用非基准孔和非基准轴相配合。（　　）

8. 优先选用基孔制配合的原因在于加工孔比加工轴容易。（　　）

9. 采用基孔制配合一定比采用基轴制配合的加工工艺性好。（　　）

10. 一般情况下，优先选用基孔制主要是从加工性和检验的工艺性方面考虑的。（　　）

11. 公差等级的选用原则是在满足使用要求的条件下，尽量选择低的公差等级。（　　）

二、选择题（标 * 的为多项选择题）

1. 下列关于公差与配合的选择叙述正确的有________。
A. 从经济性考虑应优先选用基孔制
B. 在任何情况下应尽量选用低的公差等级
C. 配合的选择方法一般有计算法、类比法和调整法
D. 从结构上考虑应优先选用基轴制

2. 下列有关公差等级的叙述中，正确的有________。
A. 公差等级高，则公差带宽
B. 在满足要求的前提下，应尽量选用高的公差等级
C. 公差等级的高低影响公差带的大小，决定配合的精度
D. 孔轴相配合，均为同级配合

*3. 下列配合零件应优先选用基轴制的有________。
A. 滚动轴承内圈与轴配合
B. 同一轴与多孔相配，且有不同的配合性质
C. 滚动轴承外圈与外壳孔的配合
D. 轴为冷圆钢，不需再加工

4. 以下各种情况中，应选用间隙配合的有________。
A. 要求定心精度高　　B. 工作时无相对运动
C. 不可拆卸　　D. 转动、移动或复合运动

*5. 下列配合零件，应选用过盈配合的有________。
A. 需要传递足够大的转矩　　B. 不可拆连接
C. 有轴向运动　　D. 要求定心且常拆卸

6. 当相配合孔、轴既要求对准中心，又要求装拆方便时，应选用________。
A. 间隙配合　　B. 过盈配合　　C. 过渡配合　　D. 间隙配合或过渡配合

7. 滚动轴承与轴的配合应采用________。
A. 基孔制　　B. 基轴制　　C. 非基准制　　D. 不确定

8. 下列孔轴配合中，不宜选用过渡配合的场合是________。
A. 既要求对中，又要拆卸方便　　B. 高温下工作，零件变形大
C. 保证静止，传递载荷的可拆结合　　D. 要求定心性好，载荷由键传递

三、填空题

1. 公称尺寸相同的轴上有几处配合，当两端的配合要求紧固而中间的配合要求较松时，宜采用________制配合。

2. 过渡配合主要用于既要求________又要求________的场合。

3. 选择基准制时，从________考虑，应优先选用________。

4. 在进行公差等级选择时要综合考虑零件的________和________两方面的因素。选择原则是在满足零件________的前提下，尽量选用________的公差等级。

5. 国家标准规定孔轴配合优先采用________制，当一光轴需与孔形成多种配合时，应选用________制。

6. 国家标准规定基准制是________和________，一般优先选用________。

7. 在满足生产实际需求和考虑技术发展需要的前提下，标准规定了________、________和________三类公差带，选用公差带的顺序是首先选用________公差带，其次________，再次________。

8. 选用配合的方法有________、________和________三种。在一般情况下通常采用________，即与经过生产和使用验证后的某种配合进行比较，经过修订确定其________。

四、简答题

1. 选用公差等级要考虑哪些因素？公差等级是否越高越好？

2. 简述基准制的选用原则。

3. 什么是基孔制？基孔制有什么特点？

4. 公差等级的选用方法有哪些？它们分别有什么特点？

5. 各类配合分别适用于什么场合？

6. 配合的选用原则是什么？选用配合常用的方法有哪些？

第二章

几何公差（GB/T 1182—2018）

第一节　几何公差概述

知识要点

1. 零件几何要素的分类及概念。
2. 零件几何要素的类型。
3. 几何公差的公差项目符号。
4. 几何公差代号、被测要素、基准要素及几何公差数值的标注方法。
5. 几何公差带的要素组成。
6. 几何公差带的 9 种形状。
7. 正确地识读与标注几何公差。

重点内容概括（考点）

1. 几何要素是构成零件几何特征的点、线、面。几何公差的研究对象就是零件几何要素本身的形状和要素之间的相对位置精度。

2. 几何要素按结构特征分类，可分为轮廓要素和中心要素；按存在状态分类，可分为实际要素和理想要素；按所处地位分类，可分为被测要素和基准要素；按功能要求分类，可分为单一要素和关联要素。

3. 国家标准规定了 14 项几何公差，其中直线度、平面度、圆度、圆柱度属于形状公差；线轮廓度和面轮廓度可以属于形状公差（无基准），也可以属于定向或定位公差（有基准）；平行度、垂直度、倾斜度属于定向公差；同轴（心）度、位置度、对称度属于定位公差；圆跳动和全跳动属于跳动公差。定向公差、定位公差、跳动公差统称为位置公差。

4. 几何公差带是限定几何公差变动的区域。确定几何公差带应考虑其形状、大小、方向及位置 4 个要素。几何公差带的形状共有 9 种，大小指公差带的宽度 t 或直径 ϕt，方向即评定被测要素误差的方向，误差评定的准确性受放置方向影响。形状公差的公差带没有位置要求，只在相应的尺寸公差带的制约下，在尺寸公差内浮动或由理论正确尺寸确定；

位置公差的公差带位置由相对于基准的尺寸公差或理论正确尺寸确定。

5. 几何公差框格有两格或多格，可以水平放置，也可以垂直放置，水平放置时自左至右填写相关内容，垂直放置时自下至上填写相关内容。指引线用细实线表示，可从框格的任一端引出，引出端必须垂直于框格，垂直指向被测要素（与测量方向一致）。引向被测要素时允许弯折，但不得多于两次。一个几何公差框格只能垂直引出一条指引线。

6. 当被测要素为轮廓要素时，箭头应指向轮廓线，也可指向轮廓线的延长线，但必须与尺寸线明显错开；当被测要素是中心要素时，箭头应与尺寸线的延长线重合。

7. 在几何公差的标注中，与被测要素相关的基准用一个大写字母表示，字母标注在基准方格内，与一个涂黑或空白的三角形相连以表示基准。基准要素采用基准符号标注，并从几何公差框格中的第三格起，填写相应的基准符号字母，基准符号中的连线应与基准要素垂直。无论基准符号在图样中方向如何，方格内字母均应水平书写。

8. 当基准要素是轮廓线或面时，基准三角形应放在基准要素的轮廓线或轮廓面上，也可靠在轮廓的延长线上，但必须与尺寸线明显错开；当基准要素是中心要素，如轴线、中心线或中心点时，基准三角形应放在尺寸线的延长线上。

练习题

一、判断题（正确的打√，错误的打 ×）

1. 几何公差的研究对象是零件的几何要素。（　　）
2. 基准要素是用来确定被测要素方向和位置的要素。（　　）
3. 相对其他要素有功能要求而给出位置公差的要素称为单一要素。（　　）
4. 理想要素是具有理想形状的点、线、面，没有任何误差。（　　）
5. 实际要素不一定具有几何误差。（　　）
6. 被测要素按功能关系可分为单一要素和关联要素两种。（　　）
7. 关联被测要素就是有位置公差要求的被测要素。（　　）
8. 关联要素与零件上的其他要素没有功能关系。（　　）
9. 被测要素只能是轮廓要素，不能是中心要素。（　　）
10. 形状公差包括平面度公差、圆度公差和垂直度公差。（　　）
11. 线轮廓度属于形状公差。（　　）
12. 基准要素为中心要素时，基准符号应该与该要素的轮廓要素尺寸线错开。（　　）
13. 国家标准规定：在图样上用带箭头的指引线将基准要素与公差框格一端相连，指引线的箭头应垂直地指向基准要素。（　　）
14. 几何公差框格只能水平绘制。（　　）
15. 指引线原则上从框格一端的中间位置引出，其箭头应指向公差带的宽度或直径方向。（　　）
16. 几何公差框格垂直放置时自上至下依次填写公差项目符号、公差数值和基准符号字母。（　　）
17. 有形状公差要求的要素是单一要素。（　　）

18. 对有位置公差要求的零件，在图样上必须标明基准。（　　）

19. 国家标准规定，在图样中几何公差采用代号标注。当无法用代号标注时，允许在技术要求中用文字加以说明。（　　）

20. 图样上标注出的基准要素是理想要素，简称基准。（　　）

21. 由于测量误差的存在，所示实际要素并非要素的真实情况。（　　）

二、选择题（标 * 的为多项选择题）

1. 几何要素按结构特征分类，可分为________。

A. 轮廓要素和中心要素　　B. 实际要素和理想要素

C. 被测要素和基准要素　　D. 单一要素和关联要素

2. 几何要素按所处地位分类，可分为________。

A. 轮廓要素和中心要素　　B. 实际要素和理想要素

C. 被测要素和基准要素　　D. 单一要素和关联要素

3. 国家标准规定的几何公差共有________项，其中位置公差有________项，另有________项有时作为形状公差，有时作为位置公差。

A. 2　　B. 6　　C. 8　　D. 14

*4. 定位公差包括________。

A. 同轴度　　B. 平行度　　C. 对称度　　D. 位置度

*5. 定向公差包括________。

A. 平行度　　B. 平面度　　C. 垂直度　　D. 倾斜度

*6. 几何公差带所描述的区域具有的特征是________。

A. 大小　　B. 方向　　C. 形状　　D. 位置

*7. 有关几何公差标注正确叙述的有________。

A. 圆锥体有圆度公差要求时，其指引线箭头必须与被测表面垂直

B. 圆锥体有圆跳动公差要求时，其指引线箭头必须与被测表面垂直

C. 标注直线度公差的指引线箭头应与被测要素垂直

D. 标注平面度公差的指引线箭头必须与被测表面垂直

8. 倾斜度公差属于________。

A. 形状公差　　B. 定向公差　　C. 定位公差　　D. 跳动公差

9. 轴向全跳动公差属于________。

A. 形状公差　　B. 定位公差　　C. 定向公差　　D. 跳动公差

10. 全跳动分为________。

A. 径向全跳动和轴向全跳动　　B. 径向全跳动

C. 径向全跳动和轴向全跳动　　D. 轴向全跳动和轴向全跳动

11. 以下属于位置公差的是________。

A. 直线度　　B. 圆柱度　　C. 线轮廓度　　D. 同轴度

12. 公差框格第 2 格的内容是________。

A. 基准符号　　B. 公差数值　　C. 公差特征符号　　D. 无内容

13. 标注形状公差时，框格由________个方格构成。

A. 2　　B. 3　　C. 4　　D. 5

*14. 在图样上标注几何公差，当公差值前面加注 ϕ 时，则该被测要素的公差带形状可能是________。

A. 两同轴圆柱　　B. 一个球　　C. 一个圆　　D. 一个圆柱

15. 几何公差的公差带通常有________要素。

A. 2 个　　B. 3 个　　C. 4 个　　D. 5 个

16. 为了说明几何公差框格中所标注的几何公差的其他附加要求，或者为了简化标注方法，可以在框格的其他位置附加文字说明，凡用文字说明属于被测要素数量的，应写在公差框格的________。

A. 左方　　B. 下方　　C. 右方　　D. 上方

17. 当被测要素为螺纹的中径轴线时，________。

A. 指引线箭头与螺纹尺寸线对齐

B. 在公差框格下面标注“MD”

C. 在公差框格下面标注“LD”

D. 随意标注

*18. 下列关于几何公差被测要素的标注，说法正确的有________。

A. 当被测要素为轮廓要素时，箭头应指向轮廓线或其延长线，并与尺寸线明显错开

B. 被测要素指引线的箭头可代替一个尺寸箭头

C. 当要素有多个公差特征项目要求时，可将框格叠放在一起，用一个指引线指向被测要素

D. 当被测要素的形式是线而不是面时，应在公差框格附近注明线要素符号“LE”

19. 在位置公差标注中，________用指引线箭头确定，而________用基准符号表示。

A. 单一要素　基准要素　　B. 被测要素　基准要素

C. 被测要素　关联要素　　D. 实际要素　理想要素

20. 几何公差中基准符号字母的书写方向应该________。

A. 与基准符号方向一致　　B. 水平书写

C. 垂直书写　　D. 任意方向均可

21. 当被测要素为________时，指引线的箭头应指到该要素的轮廓线或轮廓线的延长线上，并应与尺寸线明显错开。

A. 轴线　　B. 直线　　C. 球心　　D. 中心平面

22. 下列不属于固定位置公差带的是________。

A. 同轴度　　B. 对称度　　C. 部分位置度　　D. 直线度

23. 零件的几何误差是指________相对________的变动量。

A. 单一要素　关联要素　　B. 理想要素　实际要素

C. 被测要素　基准要素　　D. 实际要素　理想要素

*24. 下面关于基准符号的说法，正确的有________。

A. 基准符号字母有 26 个

B. 基准符号字母一律水平书写

C. 字母标注在基准方格内，与一个涂黑或空白的三角形相连以表示基准

D. 在几何公差的标注中，与被测要素相关的基准用一个大写字母表示

*25. 下列关于几何公差基准要素标注，说法正确的有________。

A. 当基准要素是中心要素时，基准三角形应放在尺寸线的延长线上

B. 当基准要素是轮廓要素时，基准三角形应放在基准要素的轮廓线或轮廓面上，也可靠在轮廓的延长线上，但必须与尺寸线明显错开

C. 当基准要素与被测要素相似不易分辨时，应采用任选基准

D. 当基准要素标注受图形限制时，可做引出标注

26. 下列可用作基准的字母是________。

A. C　　B. E　　C. M　　D. P

三、填空题

1. 零件上实际存在的要素称为________，机械图样上所表示的要素均为________。

2. 构成零件几何特征的________、________、________称为几何要素。

3. 几何公差的研究对象是零件几何要素本身的________和要素之间的________。

4. 几何要素按存在状态可分为________和________；按在几何公差中所处的地位可分为________和________。

5. 确定几何公差带应考虑其________、________、________及________四个要素。

6. 国家标准规定，几何公差共有________个项目。其中形状公差________项，位置公差________项，形状或位置公差________项。跳动公差分为________和________。

7. 位置公差可分为：________、________和________三类。

8. 当被测要素为中心要素时，几何公差代号中________应与该要素的尺寸线________。

9. 如果被测实际要素与其________能完全重合，表明几何误差为零。

10. 用以限制实际要素变动的区域称为________。

11. 被测实际要素在________内（或之间）为合格，反之为不合格。

12. 用来确定被测要素的方向或位置的要素称为________。

13. 几何公差带的大小指公差带的________或________，其公差值大小取决于被测要素的________和________。

14. 几何公差带的方向即评定被测要素________的方向。其评定的准确性受几何公差带的放置方向影响。

15. 几何公差带位置有________位置公差带和________位置公差带两种，同轴度的公差带属于________位置公差带。

16. 几何公差代号包括________、________、________和________。

17. 几何公差框格有________或多格，可以________放置，也可以________放置，水平放置时自________至________依次填写________、________和________，第二格及其后各格中还可能填写其他有关符号。垂直放置时自________至________依次填写框格内容。

18. 当被测要素为轮廓要素时，箭头应指向轮廓线或其延长线，但必须与尺寸线明显________，当被测要素为中心要素时，箭头应________尺寸线，即与尺寸线的延长线________。

19. 当基准要素为轮廓要素时，基准________应放在该要素的轮廓线上或轮廓面上，并必须________。

四、简答题

1. 几何公差项目如何分类？其名称和符号是什么？

2. 几何公差符号包括哪几项内容？

3. 什么是几何公差带？几何公差带包含哪几个要素？

4. 几何公差的研究对象是什么？如何分类？各自的含义是什么？

5. 几何公差被测要素的标注应注意哪些问题？

6. 几何公差基准要素的标注应注意哪些问题？

7. 将下列技术要求标注在图 2-1 上。

（1）圆锥台任一截面的圆度公差为 0.015mm，圆锥素线的直线度公差为 0.026mm。

（2）圆锥台轴线对 ϕ40mm 和 ϕ30mm 两圆柱面公共轴线的同轴度公差为 ϕ0.045mm。

（3）圆锥台左端面对 ϕ40mm 和 ϕ30mm 两圆柱面公共轴线的轴向圆跳动公差为 0.032mm。

（4）ϕ40mm 和 ϕ30mm 圆柱面的圆柱度公差分别为 0.005mm 和 0.004mm。

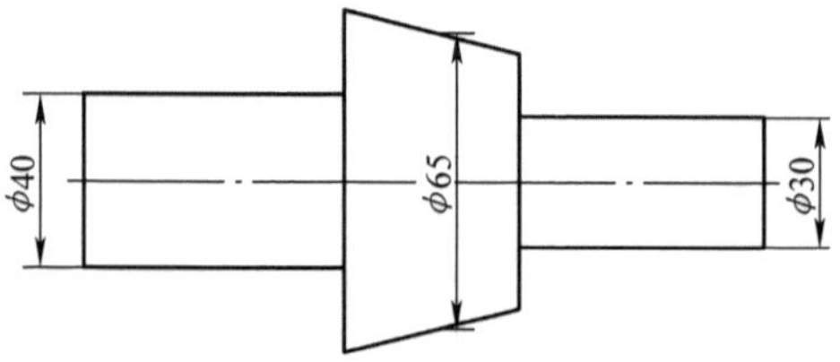

图 2-1

8. 将下列几何公差要求标注在图 2-2 上。

（1）孔 ϕ40H7 内表面任一截面的圆度公差为 0.006mm。

（2）孔 ϕ80H7 轴线对孔 ϕ40H7 轴线的同轴度公差为 ϕ0.03 mm。

（3）ϕ90g6 圆柱面对孔 ϕ40H7 轴线的全跳动公差为 0.04mm。

（4）左端面相对 ϕ80H7 轴线的垂直度公差为 0.035mm。

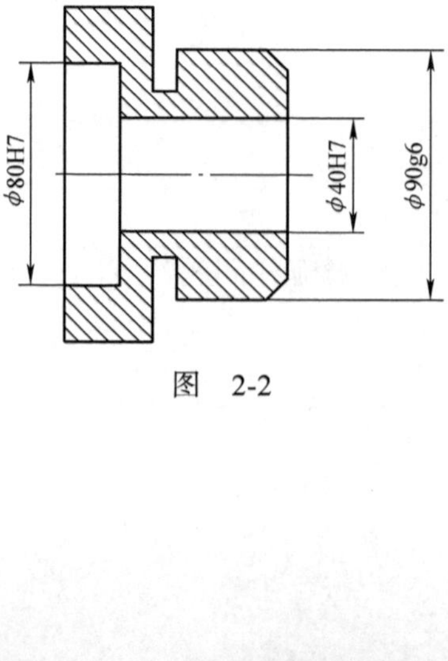

图 2-2

9. 解释图 2-3 中各几何公差标注的含义，将其填入表 2-1 中。

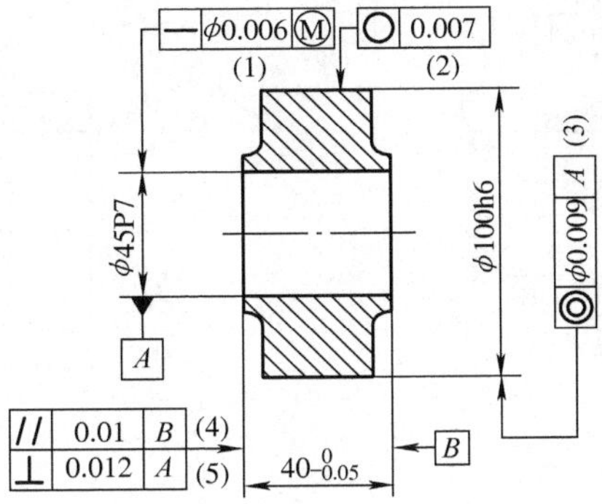

图 2-3

表 2-1

框格序号	被测要素	基准要素	公差项目	公差数值
（1）				
（2）				
（3）				
（4）				
（5）				

10. 解释图 2-4 中各几何公差标注的含义，将其填入表 2-2 中。

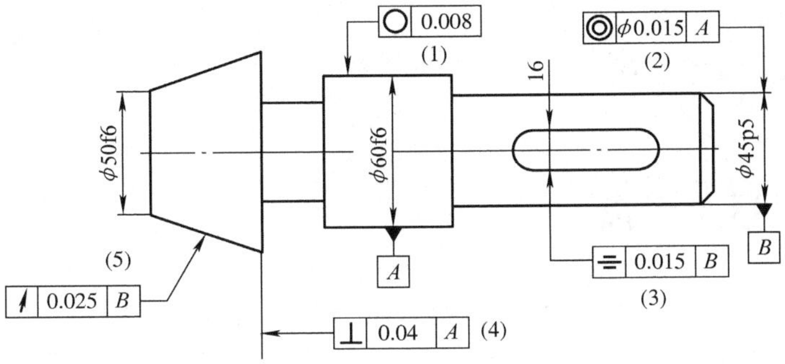

图 2-4

表 2-2

框格序号	被测要素	基准要素	公差项目	公差值
（1）				
（2）				
（3）				
（4）				
（5）				

11. 改正图 2-5 中几何公差标注的错误（不得改变其公差项目），将正确的标注在图 2-6 中。

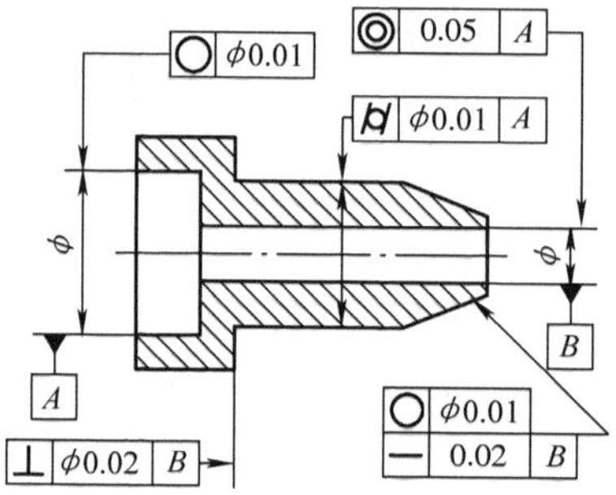

图 2-5

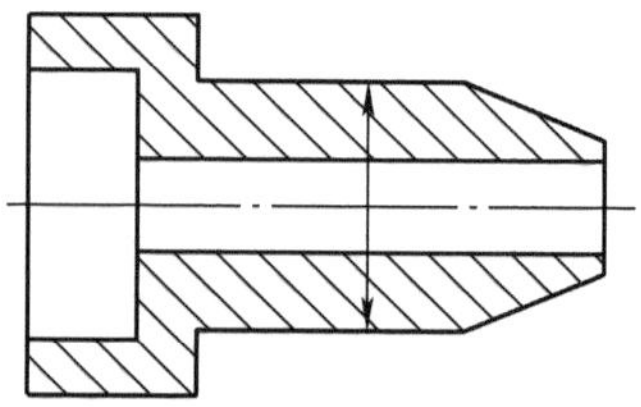
图 2-6

第二节 几何公差的应用

知识要点

1. 识读和明确公差带的四个要素（形状、大小、方向、位置）。
2. 几何公差的功能要求。
3. 几何公差表达的意义与相互间的相关性。
4. 几何公差之间的替代关系。
5. 几何公差带的要素组成。
6. 公差带的 9 种形状。

重点内容概括（考点）

1. 形状公差是单一被测要素的形状对其理想要素允许的变动量。形状公差带是限制单一实际被测要素变动的区域。形状公差没有基准要求，所以公差带是浮动的。

2. 线轮廓度或面轮廓度公差对零件表面（非圆曲线和非圆曲面）的要求，可以仅限定其形状误差，也可以在限制形状误差的同时还对基准提出要求。前者属于形状公差，后者属于位置公差，属于关联要素。

3. 位置公差是用来限制位置误差的。位置公差有三种：定向公差、定位公差和跳动公差。跳动公差具有综合控制被测实际要素的形状和位置精度的能力。

4. 基准是确定要素间几何关系、方向或（和）位置的依据。

5. 定向公差是关联被测要素对其具有确定方向的理想要素允许的变动量。定向公差带的特点是：相对于基准有方向要求；在满足方向要求的前提下，公差带的位置可以浮动；能综合控制被测要素的形状误差。形状公差一定要小于定向公差。

6. 位置公差是关联被测要素对其有确定位置的理想要素允许的变动量。位置公差带的特点是：相对于基准有位置要求，方向要求包含在位置要求之中；能综合控制被测要素的定向、位置和形状误差。当对某一被测要素给出位置公差后，通常不再对该要素给出定向公差和形状公差。如果在功能上对方向和形状有进一步要求，则可同时给出定向公差和形状公差。

7. 跳动公差分为圆跳动公差和全跳动公差。圆跳动公差指被测实际要素在某种测量截面内相对于基准轴线的最大允许变动量。全跳动公差指整个被测实际表面相对于基准轴线的最大允许变动量。跳动公差带的特点是：相对于基准有确定的位置，可以综合控制被测要素的位置、方向和形状。

练习题

一、判断题（正确的打√，错误的打 ×）

1. 形状公差是单一被测要素的形状对其理想要素允许的变动量。（　）
2. 形状公差没有基准要求，其公差带可以是浮动的，也可以是固定的。（　）
3. 圆度的公差带形状是一个圆。（　）
4. 一要素既有位置公差要求又有形状公差要求时，形状公差值大于位置公差值。（　）
5. 几何公差带的方向是公差带的延伸方向，它与测量方向垂直。（　）
6. 形状公差带的位置一定是浮动的，而位置公差带的位置则都是固定的。（　）
7. 位置公差解决关联实际要素的方向、位置对基准要素所允许的变动量问题。（　）
8. 圆柱度公差是控制圆柱形零件横截面和轴向截面内形状误差的综合性指标。（　）
9. 某一实际圆柱面的实测径向圆跳动量为 f，则它的圆度误差一定不会超过 f。（　）
10. 某零件的对称度公差要求是 0.05mm，若测得实际对称面与理想中心面的差值为 0.03mm，则该零件此项指标合格。（　）
11. 线轮廓度或面轮廓度公差可以限定形状误差，也可以限定位置误差。（　）
12. 某实际要素存在形状误差，则一定存在位置误差。（　）
13. 在几何公差中，属于固定位置公差带的有同轴度、对称度等项目。（　）
14. 直线度公差带的位置有固定的也有浮动的，而对称度公差带的位置皆为固定的。（　）
15. 径向圆跳动公差带与圆度公差带的区别是两者形状不同。（　）
16. 某一实际平面对基准平面的平行度误差为 0.05mm，则该平面的平面度误差一定不大于 0.05mm。（　）
17. 若某平面的平面度误差为 0.06mm，则该平面对基准的平行度误差一定小于 0.06mm。（　）
18. 轴向全跳动公差和平面对轴线的垂直度公差的控制效果完全相同。（　）
19. 全跳动分为径向全跳动、轴向全跳动和斜向全跳动三种。（　）
20. 零件图样上规定 ϕd 轴线相对于 ϕD 基准轴线的同轴度公差为 ϕ0.02mm。这表明只要 ϕd 实际轴线上各点相对于 ϕD 基准轴线的距离不超过 0.02mm，就能满足同轴度要求。（　）

21. 在主参数相同的同一几何公差等级中，形状公差值要比位置公差值小。若某轴的轴线直线度误差未超过直线度公差，则此轴的同轴度误差必合格。 （　　）

二、选择题（标 * 的为多项选择题）

1. 几何公差带的形状决定于________。

A. 几何公差特征项目

B. 几何公差标注形式

C. 被测要素的理想形状

D. 被测要素的理想形状、几何公差特征项目和标注形式

2. 在图样上标注几何公差要求，当几何公差前面加注 ϕ 时，则被测要素的公差带形状应为________。

A. 两个同心圆

B. 圆形或圆柱形

C. 两个同轴线的圆柱面

D. 圆形、圆柱形或球形

3. 不属于定向公差项目的是________。

A. 同轴度　B. 平行度　C. 垂直度　D. 倾斜度

4. 垂直度公差属于________。

A. 形状公差　B. 定向公差　C. 定位公差　D. 跳动公差

*5. 公差带形状属于两平行平面之间的区域的有________。

A. 面对面的垂直度　B. 平面度　C. 对称度　D. 面对面的平行度

*6. 公差带形状是两平行平面之间的区域的有________。

A. 轴向圆跳动

B. 线对线的垂直度

C. 对称度

D. 任意方向线对线的位置度

*7. 公差带形状同属于两同心圆柱之间的区域的有________。

A. 径向全跳动　B. 任意方向直线度　C. 圆柱度　D. 同轴度

8. 径向圆跳动的被测要素为________。

A. 轴线　B. 垂直轴线的任一圆柱面

C. 整个圆柱面　D. 轴线或圆

9. 径向全跳动的被测要素为________。

A. 轴线　B. 垂直轴线的任一正截面

C. 整个圆柱面　D. 轴线或圆

10. 径向全跳动公差带的形状和________公差带的形状相同。

A. 同轴度　B. 圆度　C. 圆柱度　D. 位置度

*11. 公差带形状是圆柱面内的区域的有________。

A. 径向全跳动　B. 同轴度

C. 任意方向直线度　D. 任意方向线对线的平行度

12. ________公差带的形状只有圆柱形一种。

A. 直线度　　B. 位置度　　C. 同轴度　　D. 垂直度

13. 某实际被测轴线相对于基准轴线的最近点距离为 0.04mm，最远点距离为 0.08mm，则该实际被测轴线对基准轴线的同轴度误差为________。

A. 0.04mm　　B. 0.08mm　　C. 0.012mm　　D. 0.16mm

*14. 公差带形状是两同心圆之间的区域的有________。

A. 圆度　　B. 圆柱度　　C. 径向圆跳动　　D. 轴向圆跳动

15. 某中心平面对基准中心平面的对称度公差为 0.1mm，则允许该中心平面对基准中心平面的偏离量为________。

A. 0.1mm　　B. 0.05mm　　C. 0.2mm　　D. 0.15mm

16. 某轴线对基准轴线的最大距离为 0.035mm，最小距离为 0.010mm，则该轴线对基准轴线的同轴度公差为________。

A. ϕ 0.035mm　　B. ϕ 0.010mm　　C. ϕ 0.070mm　　D. ϕ 0.025mm

17. 若某轴线相对于基准轴线的径向全跳动公差为 0.08mm，则该轴对于此基准轴线的同轴度公差________。

A. 大于或等于 0.08mm　　B. 小于或等于 0.08mm

C. 大于 0.08mm　　D. 小于 0.08mm

18. 直线度公差适用于________，对称度公差适用于________，跳动公差适用于________。

A. 轮廓要素　　B. 中心要素　　C. 中心要素或轮廓要素

三、填空题

1. 圆度的公差带形状是________限定的区域，平面度的公差带形状是________限定的区域。

2. 某圆柱面的圆柱度公差为 0.03mm，那么该圆柱面对轴线的径向全跳动公差________0.03mm。

3. 形状误差是指________对其理想要素的变动量，理想要素的位置应符合________。

4. 面对面平行度的公差带形状为________，公差带相对于基准平面的位置________。径向圆跳动公差带的形状是________；径向全跳动公差带的形状是________；斜向圆跳动公差带的形状是________，轴向圆跳动公差带的形状是________；轴向全跳动公差带的形状是________。

5. 对称度是限制被测________偏离基准________的一项指标。

6. 采用直线度来限制圆柱体的轴线时，其公差带形状是____________。

7. 位置公差可分为________、________和 ________三类。

8. 在图样上，定位公差带的位置是由________和________确定的。

9. 轴线对基准平面的垂直度公差带形状是：在给定一个方向时为________；在给定任意方向时为________。

10. 圆柱度的公差带形状是________；轴线同轴度的公差带形状是________。

11. 径向圆跳动公差带与圆度公差带在形状方面________，前者公差带圆心的位置是________，而后者公差带圆心的位置是________。

12. 公差值 t 前可以加"ϕ"的几何公差项目有________；只有一种公差带形状的几何公差项目有________（以几何公差项目符号表示）。

四、简答题

1. 什么是形状公差？画出直线度公差带的几种可能形状。

2. 什么是位置度公差？位置度公差可以分为哪几类？

3. 垂直度公差分为几种？分别画出它们的公差带形状。

4. 什么是同轴（心）度公差？画出同轴（心）度公差的公差带形状。

5. 什么是跳动公差？跳动公差有什么特点？可以分为哪几类？

6. 形状公差和位置公差分别有什么特点？

7. 简述圆度和径向圆跳动公差带的异同点。

第三节　公差原则

知识要点

1. 公差原则的有关术语及定义。
2. 有关术语定义和符号。
3. 独立原则、包容要求、最大（小）实体要求在图样中的标注方式。
4. 各公差原则下尺寸公差和几何公差的合格性要求。
5. 公式的应用和计算。
6. 正确合理地选择几何公差。

重点内容概括（考点）

1. 公差原则是处理尺寸公差和几何公差关系的原则。

2. 单一要素的理想边界没有对方向和位置的要求；而关联要素的理想边界，必须与基准保持图样给定的几何关系。

3. 相关术语公式：

1）轴的体外作用尺寸：$d_{fe}=d_a+t$；

2）孔的体外作用尺寸：$D_{fe}=D_a-t$；

3）轴的体内作用尺寸：$d_{fi}=d_a-t$；

4）孔的体内作用尺寸：$D_{fi}=D_a+t$；

5）孔最大实体实效尺寸：$D_{MV}=D_M-t_M=D_{min}-t$；

6）轴最大实体实效尺寸：$d_{MV}=d_M+t_M=d_{max}+t$；

7）孔最小实体实效尺寸：$D_{LV}=D_{max}+t$；

8）轴最小实体实效尺寸：$d_{LV}=d_{min}-t$。

4. 在体内、体外作用尺寸中，t 为几何公差实测值。在最大、最小实体实效尺寸中，t 为几何公差给定值。

5. 独立原则是指图样上给定的每一个尺寸和几何公差应分别满足要求。实际要素的尺寸由尺寸公差控制，与几何公差无关；几何误差由几何公差控制，与尺寸公差无关。该原则是基本原则，应用最广泛。

6. 包容要求是实际要素不得超越其最大实体边界，其局部尺寸不得超出其最小实体尺寸的一种公差原则。在其被测要素的尺寸极限偏差或公差带代号之后，加注符号Ⓔ，它仅适用于单一要素。当被测要素的实际尺寸偏离了最大实体尺寸时，可将被测要素尺寸公差的一部分或全部补偿给几何公差。

7. 最大实体要求是当实际尺寸偏离最大实体尺寸时，几何误差值可超出在最大实体状态下给出的几何公差值。最大实体要求既可作用于被测要素（在几何公差框格中的几何公差值后面加注符号Ⓜ）又可作用于基准要素（在几何公差框格的基准字母后面加注符号Ⓜ）。

8. 最大实体要求下几何公差值的计算：

$$t_{允}=t_{给}+t_{增}$$

对于孔：$t_{增}=D_a-D_{min}$

对于轴：$t_{增}=d_{max}-d_a$

9. 最小实体要求是当实际尺寸偏离最小实体尺寸时，几何误差值可超出在最小实体状态下给出的几何公差值。最小实体要求既可作用于被测要素（在几何公差框格中的几何公差值后面加注符号Ⓛ）又可作用于基准要素（在几何公差框格的基准字母后面加注符号Ⓛ）。

10. 最小实体要求下几何公差值的计算：

$$t_{允}=t_{给}+t_{增}$$

对于孔：$t_{增}=D_{max}-D_a$

对于轴：$t_{增}=d_a-d_{min}$

11. 根据零件的结构特性、功能要求、加工设备和检测量仪条件、有关标准以及经济性能等多种因素进行综合分析，或再经总装及试生产后确定几何公差项目的选择原则；在保证零件功能的前提下，尽可能选用最经济的公差值；选择几何公差项目的基准时，主要根据零件的功能和设计要求，并兼顾基准统一原则和零件结构特征等几方面来考虑；根据被测要素的功能要求及采用该种公差原则所能达到的目标可行性和经济性来选择公差原则。

练习题

一、判断题（正确的打√，错误的打 ×）

1. 作用尺寸是设计时给定的。（　　）
2. 最大实体状态就是尺寸最大时的状态。（　　）
3. 最大实体尺寸是孔和轴的上极限尺寸的总称。（　　）
4. 零件的最大实体尺寸一定大于其最小实体尺寸。（　　）
5. 最大实体实效状态就是实际要素处于最大实体的状态。（　　）
6. 实际尺寸相等的两个零件的作用尺寸也相等。（　　）
7. 实际要素处于上极限尺寸且相应的中心要素的几何误差达到最大允许值时的状态称为实效状态。（　　）

8. 实体实效尺寸与作用尺寸都是尺寸和几何公差的综合反映。（　）
9. 最小实体实效尺寸是加工后形成的。（　）
10. 当孔存在形状误差时，其作用尺寸大于其最大实体尺寸。（　）
11. 独立原则是指零件无几何误差。（　）
12. 独立原则应用于尺寸公差和几何公差要求的精度相差很大的场合。（　）
13. 尺寸公差与几何公差采用独立原则时，零件的实际尺寸和几何误差有一项超差，则该零件不合格。（　）
14. 包容要求是要求实际要素处处不超越最小实体边界的一种公差原则。（　）
15. 当包容要求用于单一要素时，被测要素必须遵守最大实体实效边界。（　）
16. 最大实体要求之下关联要素的形状公差不能为零。（　）
17. 在包容要求下，理想的形状尺寸为最大实体尺寸。（　）
18. 几何公差和尺寸公差相互有关的公差要求称为相关要求。（　）
19. 被测要素采用最大实体要求的几何公差时，被测要素必须遵守最大实体边界。（　）
20. 若某零件的尺寸精度要求较低，而几何精度要求较高，则适合按最大实体要求来处理尺寸公差与几何公差之间的关系。（　）
21. 当符号Ⓜ标注在公差框格中几何公差值 t 后面时，表示被测要素的几何误差允许超差。若图样上没有附加给出对它的限制性公差要求，则允许它超差到被测要素的尺寸公差值。（　）
22. 图样上未标注几何公差的要素，其要素无几何公差要求。（　）
23. 减速器端盖和箱体采用螺栓连接，端盖上均布孔的位置要求满足可装配及互换性，孔的位置度公差采用最大实体要求。（　）

二、选择题（标 * 的为多项选择题）

1. 工件的最大实体实效尺寸是________。
A. 测量得到的　　B. 装配时产生的
C. 设计给定的　　D. 加工后形成的

2. 作用尺寸是存在于________，某一实际轴或孔的作用尺寸是唯一的。
A. 理想轴或孔上的理想参数　　B. 实际轴或孔上的实际参数
C. 理想轴或孔上的实际参数　　D. 实际轴或孔上的理想参数

3. 最大实体尺寸是指________。
A. 孔和轴的上极限尺寸
B. 孔和轴的下极限尺寸
C. 孔的上极限尺寸和轴的下极限尺寸
D. 孔的下极限尺寸和轴的上极限尺寸

4. 最小实体尺寸是指________。
A. 孔和轴的上极限尺寸
B. 孔和轴的下极限尺寸
C. 孔的上极限尺寸和轴的下极限尺寸

D. 孔的下极限尺寸和轴的上极限尺寸

5. 公差原则是指________。

A. 确定公差值大小的原则　　B. 确定公差与配合标准的原则

C. 形状公差与位置公差的关系　　D. 尺寸公差与几何公差的关系

*6. 某轴标注 $\phi 20_{-0.021}^{\ 0}$ Ⓔ，则________。

A. 被测要素尺寸遵守最大实体边界

B. 当被测要素尺寸为 ϕ20mm，允许形状误差最大可达 0.021mm

C. 被测要素尺寸遵守实效边界

D. 被测要素尺寸为 ϕ19.979mm 时，允许形状误差最大可达 0.021mm

*7. 有关实效尺寸的计算公式，正确的有________。

A. 孔的实效尺寸 $=D_{max}-$ 几何公差

B. 孔的实效尺寸 = 最大实体尺寸 − 几何公差

C. 轴的实效尺寸 $=d_{max}+$ 几何公差

D. 轴的实效尺寸 = 实际尺寸 + 几何公差

8. 孔或轴的作用尺寸不允许超过________。

A. 最大实体尺寸　B. 最小实体尺寸　C. 上极限尺寸　D. 下极限尺寸

9. 有基准要求的体外作用尺寸是由________而形成的一个理想圆柱的尺寸。

A. 实际尺寸和形状误差综合影响

B. 极限尺寸和方向或位置误差综合影响

C. 极限尺寸和形状误差综合影响

D. 实际尺寸和位置或方向误差综合影响

10. 包容要求适用于________。

A. 需要保证可装配性的场合

B. 需要保证较严格配合要求的场合

C. 需要保证零件强度和最小壁厚的场合

D. 尺寸公差和几何公差要求的精度相差很大的场合

*11. 最大实体要求用于被测要素时，________。

A. 位置公差值的框格内标注符号Ⓜ

B. 实际被测要素偏离最大实体尺寸时，几何公差值允许增大

C. 实际被测要素处于最大实体尺寸时，几何公差值为给定的公差值

D. 被测要素遵守最大实体边界

*12. 有关公差要求的应用，正确的叙述有________。

A. 最大实体要求常用于只要求可能装配的场合

B. 包容要求常常用于有配合要求的场合

C. 独立原则的应用十分广泛

D. 独立原则的加工难度最低

13. 尺寸公差与几何公差采用独立原则时，零件加工后的实际尺寸和几何误差中有一项超差，则该零件________。

A. 合格　B. 尺寸最大　C. 不合格　D. 变形最小

14. 被测要素的尺寸公差与几何公差的关系采用最大实体要求时，该被测要素的体外作用尺寸不得超出________。

A. 最大实体尺寸　B. 最小实体尺寸　C. 实际尺寸　D. 最大实体实效尺寸

15. 最大实体原则只适用于________。

A. 被测要素　B. 基准要素　C. 轮廓要素　D. 中心要素

16. 最大实体要求适用于________。

A. 需要保证可装配性的场合

B. 需要保证较严格配合要求的场合

C. 需要保证零件强度和最小壁厚的场合

D. 尺寸公差和几何公差要求的精度相差很大的场合

17. 最小实体要求适用于________。

A. 需要保证可装配性的场合

B. 需要保证较严格配合要求的场合

C. 需要保证零件强度和最小壁厚的场合

D. 尺寸公差和几何公差要求的精度相差很大的场合

18. 设计时形状公差数值的选择原则是________。

A. 为更好地满足使用功能要求，公差值越小越好

B. 为降低加工成本，公差值越大越好

C. 在满足零件功能要求的前提下选择最经济的公差值

D. 尽量多地采用未注几何公差

19. 几何公差标准中，没有规定________的公差等级，只规定公差值数系，对________没有规定公差等级和公差数值，对________没有规定未注公差等级，而是由该要素的尺寸公差来控制。

A. 圆度　B. 对称度　C. 位置度　D. 线轮廓度和面轮廓度

20. 国家标准中对注出的大多数几何公差项目规定的精度等级为________，圆度和圆柱度为________，未注几何公差为________。

A. 0~12 共 13 个等级　B. 1~12 共 12 个等级

C. f、m、c、v 共 4 个等级　D. H、K、L 共 3 个等级

三、填空题

1. 孔、轴具有允许的材料量为最多时的状态称为________，它是指孔的________尺寸，轴的________尺寸。

2. 局部尺寸是指在实际要素的任意正截面上，两________之间的距离。

3. 关联要素的作用尺寸是________和________的综合结果。

4. 体外作用尺寸是工件________尺寸和________综合的结果，孔的体外作用尺寸总是________（大于、等于或小于）孔的实际尺寸，轴的体外尺寸总是________（大于、等于或小于）轴的实际尺寸。

5. 当被测要素的几何公差与尺寸公差按最大实体原则相关时，要求其作用尺寸不超出________，其局部实际尺寸不超出________。

6. 当图样上无附加任何表示相互关系的符号或说明时，则表示遵守________。

7. 最大实体要求不仅可以用于________，也可以用于________。

8. 公差原则是指________与________的关系，分为________和相关要求，相关要求又分为________、________、________和可逆要求。

9. 独立原则是指图样上给出被测要素的尺寸公差与________各自独立，彼此无关，分别满足要求的公差原则。这时尺寸公差只控制________的变动范围，不控制________。

10. 包容要求主要适用于________的场合；最大实体要求主要适用于________的场合。

11. 几何公差值的选择应根据零件的________________来确定。

12. 某轴尺寸为 $\phi 10^{-0.018}_{-0.028}$ mm，轴线对端面 A 的垂直度公差为 $\phi 0.01$mm，被测要素给定的尺寸公差和几何公差采用最大实体要求，当轴实际尺寸为________mm 时，允许的垂直度误差达到最大，可达________mm。

13. 某孔的直径为 $\phi 50^{+0.035}_{0}$ mm，其轴线的直线度公差在图样上的给定值为 0.017mm，则该孔的最大实体尺寸为________，最大实体实效尺寸为________，允许的最大直线度公差为________。

14. 孔或轴采用包容要求时，应遵守________边界；最大实体要求应用于被测要素时，被测要素应遵守________边界。

15. 当被测要素的几何公差与尺寸公差按最大实体要求相关时，要求其作用尺寸不超出________，其局部实际尺寸不超出________。

16. 图样上标注的孔尺寸为 $\phi 100^{+0.008}_{-0.046}$ mm Ⓔ，测得该孔的横截面形状正确，实际尺寸处处皆为 $\phi 100.001$mm，轴线直线度误差为 $\phi 0.003$mm，则孔的作用尺寸为________mm，而该孔的合格条件为________________________，因此该孔________（合格、不合格）。

四、简答题

1. 公差原则的有关术语有哪些？各自的含义是什么？

2. 独立原则的含义是什么？如何标注？它用于什么场合？

3. 包容要求的含义是什么？如何标注？它用于什么场合？

4. 最大实体要求的含义是什么？如何标注？它用于什么场合？

5. 最小实体要求的含义是什么？如何标注？它用于什么场合？

6. 如图 2-7 所示，被测要素采用的公差原则是________________，被测要素的最大实体尺寸是________mm，最小实体尺寸是________mm，给定的垂直度公差值是________，尺寸公差最大可以补偿给垂直度公差________mm。设孔的横截面形状正确，当孔的实际尺寸处处都为 ϕ45.010mm 时，垂直度公差值是________mm。

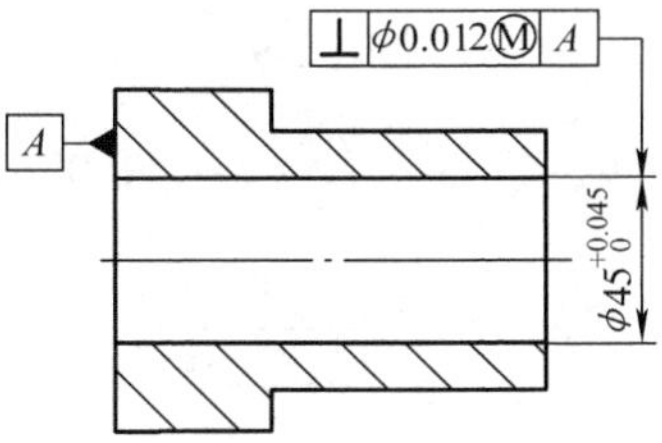

图　2-7

7. 将图 2-8 中的几何公差标注的解释填入表 2-3。

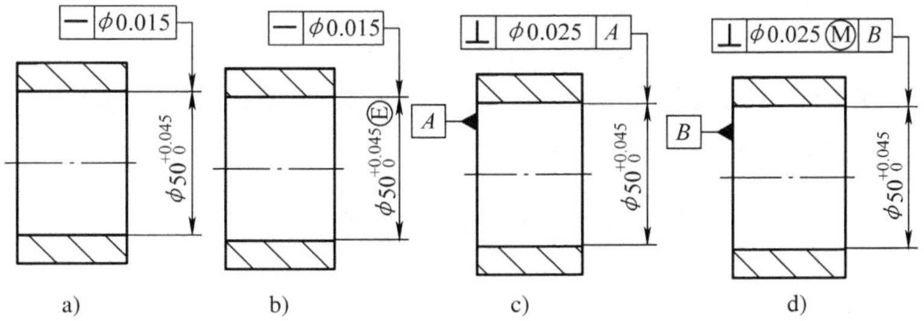

图　2-8

表 2-3 （单位：mm）

图号	采用的公差原则的名称	边界名称及边界尺寸	最大实体状态下的位置公差值	允许的最大位置误差值
a				
b				
c				
d				

8. 如图 2-9 所示的零件，若实测圆柱的直径为 29.97mm，其轴线对基准平面的垂直度误差为 ϕ0.023mm，试判断其垂直度是否合格，并说明原因。

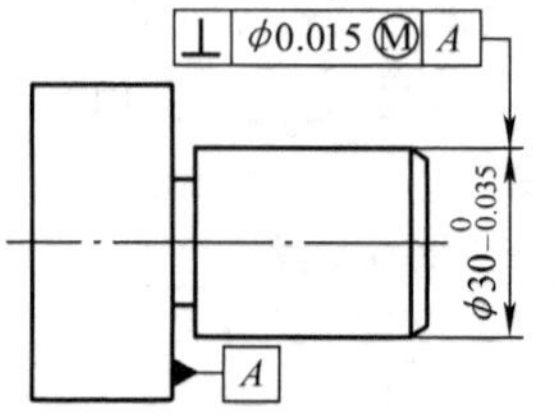

图 2-9

9. 如图 2-10 所示，已知 $d_a=\phi 39.953$mm，$t_{\perp}=\phi 0.03$mm，求 MMS、LMS、EFS、IFS、MMVB、LMVB。

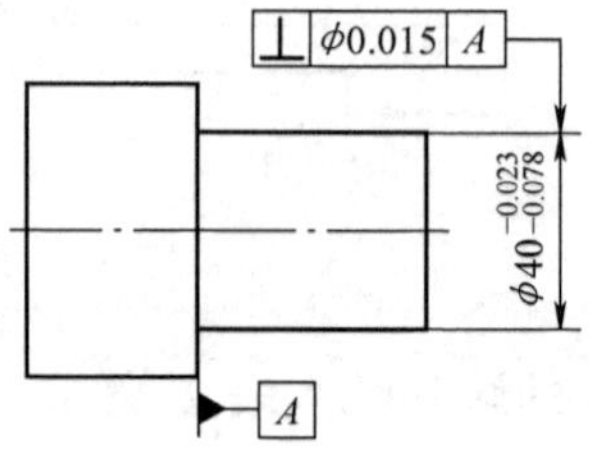

图 2-10

10. 如图 2-11 所示，最大实体要求作用于基准要素，试求出给定的同轴度公差值、同轴度公差最大增大值、同轴度公差允许达到的最大值。当 ϕ40mm 轴的实际尺寸为 ϕ39.964mm 时，允许同轴度的公差是多少？

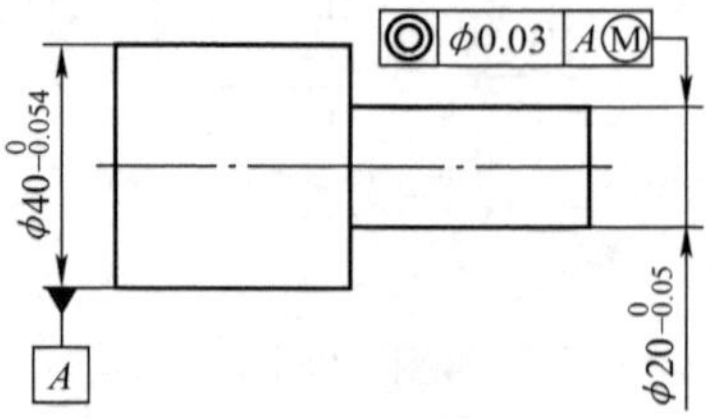

图 2-11

11. 如图 2-12 所示，最大实体要求作用于被测要素，试求出同轴度公差最大增大值、同轴度公差允许达到的最大值。当 ϕ20mm 轴的实际尺寸为 ϕ19.973mm 时，允许同轴度的公差是多少？

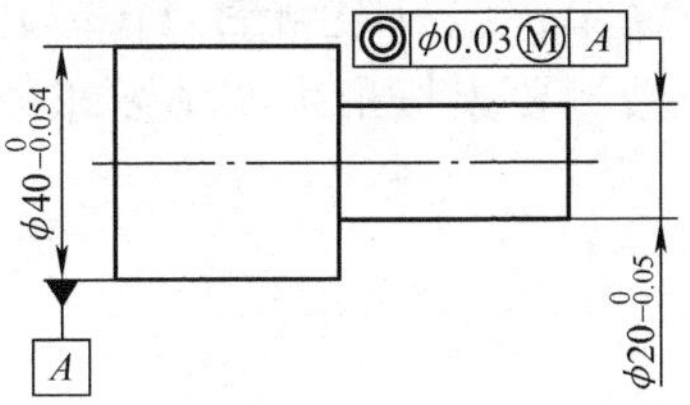

图　2-12

12. 如图 2-13 所示，最大实体要求同时作用于被测要素和基准要素，试求出同轴度公差最大增大值和同轴度公差允许达到的最大值。当 ϕ20mm 轴的实际尺寸为 ϕ19.985mm、ϕ40mm 轴的实际尺寸为 ϕ39.977mm 时，允许同轴度的公差是多少？

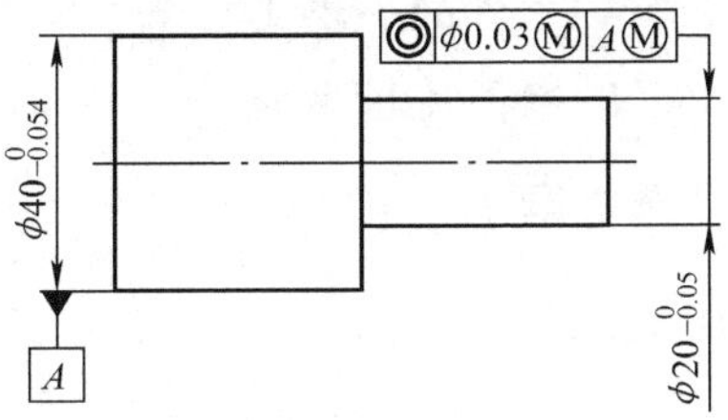

图　2-13

13. 如何正确选择几何公差项目和几何公差等级？具体应考虑哪些问题？

第四节　几何误差的检测原则

知识要点

1. 几何误差检测的五个原则。
2. 各种检测原则的特点。
3. 应用几何误差检测的五个原则准确测量误差值，判断零件是否合格。

重点内容概括（考点）

1. 与理想要素比较的原则必须要有理想要素作为测量时的标准，该检测原则在几何误差测量中应用最为广泛。

2. 测量坐标原则适用于测量形状复杂的表面，它的数字处理工作比较复杂，适用于使用计算机进行数据处理。

3. 测量特征参数原则是通过测量被测要素上具有代表性的参数来近似表示该要素的几何误差，得到一个近似值。该方法在生产现场用得较多。

4. 测量跳动原则使用时比较简单，但只限测量回转体几何误差。

5. 控制实效边界原则应用于被测要素按最大实体要求规定所给定的几何公差。

练习题

一、判断题（正确的打√，错误的打 ×）

1. 测得的要素状况是提取要素的真实情况。（ ）
2. 测量跳动原则适用于测量形状复杂的表面几何误差。（ ）
3. 检验形状误差时，被测实际要素相对其理想要素的变动量是形状公差。（ ）
4. 光滑量规通规的公称尺寸等于工件的上极限尺寸。（ ）
5. 采用特征参数原则测量出来的数值比较准确。（ ）

二、选择题（标 * 的为多项选择题）

1. 测量特征参数的方法适用于________。

A. 遵守独立原则时　　B. 生产现场

C. 遵守最大实体要求时　　D. 图样上标注跳动公差时

*2. 测量坐标原则的特点有________。

A. 适用于测量形状复杂的表面

B. 它的数字处理工作比较复杂

C. 可以直接测得数值

D. 适用于使用计算机进行数据处理

3. 用功能量规检测几何误差的方法适用于________。

A. 遵守独立原则时　　B. 生产现场

C. 遵守最大实体要求时　　D. 图样上标注跳动公差时

*4. 用测量跳动的原则可以测量________误差。

A. 同轴度　　B. 圆柱度　　C. 圆跳动　　D. 全跳动

三、填空题

1. 与理想要素比较的原则是指测量时将被测________与相应的________做比较，在比较过程中获得数据，按这些数据来评定几何误差。

2. 测量坐标原则的数字处理工作比较复杂，适用于使用计算机进行数据处理，常用于测量________________。

3. 测量特征参数原则只是一个________值。在满足功能要求的情况下，采用该原则可以取得明显的经济效益。这类方法在________用得较多。

4. 控制实效边界原则应用于被测要素按________规定所给定的几何公差。

四、简答题

1. 几何公差的检测原则有哪些？

2. 测量特征参数原则的测量原理是什么？有什么特点？

3. 简述 5 种测量原则的特点及应用场合。

第三章 表面缺陷与表面粗糙度

第一节 工件表面质量的基本概念

知识要点

1. 表面粗糙度的基本概念。
2. 工件表面缺陷的类型及检验评定方法。
3. 表面粗糙度对零件使用性能的影响。

重点内容概括（考点）

1. 工件表面粗糙度是指在加工表面上形成的具有较小间隔和较小峰谷的微观几何形状误差。它受使用的加工方法、加工机床与工具、夹具、刀具的精度、振动及磨损等因素的影响。

2. 零件的表面特征有表面缺陷、表面粗糙度、波纹度和表面上的形状误差。

3. 零件表面的粗糙度影响零件的配合质量、耐磨性、工作精度，影响零件的使用性能和使用寿命。

练习题

一、判断题（正确的打√，错误的打 ×）

1. 表面粗糙度对零部件的耐磨性有影响。 （ ）

2. 表面粗糙度与机械零件的配合性质、耐磨性、工作精度、耐蚀性有着密切关系，影响机械零件的使用性能，影响机器的工作可靠性和使用寿命。 （ ）

3. 两接触表面做相对运动时，表面越粗糙，摩擦阻力越大，零件磨损速度越快，耗能越多，且影响相对运动的灵活性。因此，表面越光洁越好。 （ ）

4. 表面粗糙度值越大，越有利于零件耐磨性和耐蚀性的提高。 （ ）

5. 表面粗糙度会影响零件的配合性质。（　　）
6. 降低零件表面粗糙度值，可提高零件的密封性能。（　　）
7. 从间隙配合的稳定性或过盈配合的连接强度考虑，表面粗糙度值越小越好。（　　）
8. 表面粗糙度是微观的几何形状误差，所以对零件使用性能影响不大。（　　）

二、选择题（标 * 的为多项选择题）

1. 在下列描述中，________不属于表面粗糙度对零件性能的影响。

A. 配合性　B. 韧性　C. 耐蚀性　D. 耐磨性

2. 表面粗糙度是________误差。

A. 宏观几何形状　B. 微观几何形状

C. 宏观相互位置　D. 微观相互位置

3. 表面粗糙度的波形起伏间距 λ 应为________。

A. < 1mm　B. 1~10mm　C. > 10mm　D. > 20mm

4. 关于表面缺陷的说法不正确的是________。

A. 可用经验法目测，需进一步判断

B. 当实际表面上存在缺陷时，则该表面不可用

C. 存在这些缺陷的单元体工件要有质量管理部门记录备案，存档可查

D. 存在缺陷的单元体工件，可以作为废品、返修品和回用品处理

*5. 表面粗糙度与零件使用性能的关系，下列说法中正确的有________。

A. 零件的表面质量影响间隙配合的稳定性或过盈配合的连接强度

B. 零件的表面越粗糙，零件表面的耐蚀性越好

C. 提高零件沟槽和台阶圆角处的表面质量，可提高零件的疲劳强度

D. 降低表面粗糙度值，可提高零件的密封性能

三、填空题

1. 表面粗糙度是指________形成的较小________和________的微观几何形状特征。

2. 工件表面缺陷是指零件表面不仅在加工中，而且在运输、储存或使用过程中生成的无一定规则的________。

3. 表面粗糙度误差与宏观几何误差和波纹度误差的区别，一般以一定的波距 λ 与波高 h 之比来划分。通常 λ/h < 1000 时为________，λ/h < 50 时为________，λ/h=50 ~1000 时为________。

4. 表面粗糙度对零件的________、________、________、________、________和________等都有影响。

5. 对于间隙配合，若表面粗糙度值________则易磨损，使________很快地增大，从而引起________的改变；对于过盈配合，表面粗糙度值________会减小实际过盈量，从而降低________________。

6. 通常情况下，表面越粗糙，摩擦系数也就________，摩擦阻力________，因摩擦而消耗的能量也越多，零件磨损也________。

四、简答题

1. 什么是零件的表面粗糙度？产生表面粗糙度的原因是什么？

2. 表面粗糙度对零件的工作性能有哪些影响？

第二节　表面粗糙度的评定参数

知识要点

1. 表面粗糙度的主要术语及定义。
2. 表面粗糙度的主要评定参数及其各自特点与应用场合。

✔重点内容概括（考点）

1. 表面轮廓是由一个指定平面与实际表面相交所得的轮廓。
2. 取样长度 *lr* 用于判别具有表面粗糙度特征的 *X* 轴方向上的一段基准线长度。
3. 评定长度 *ln* 用于评定表面粗糙度所需的 *X* 轴上的一段长度，一般包含 5 个取样长度。
4. 基准线（中线）*m* 是具有几何轮廓形状，并划分轮廓的基准线。

5. 表面粗糙度的主要评定参数有轮廓算术平均偏差 *Ra* 和轮廓最大高度 *Rz*。常用的参数值范围：*Ra* 为 0.025~6.3μm，*Rz* 为 0.1~25μm，推荐优先选用 *Ra*。*Ra* 能客观地反映表面微观几何形状特性，*Rz* 只能反映表面轮廓的最大高度。

练习题

一、判断题（正确的打√，错误的打 ×）

1. *Rz* 值因测量点少，不能充分反映表面状况，所以应用很少。　　（　　）

2. 取样长度需在测量表面的轮廓线上量取。（　　）

3. 国家标准规定采用中线制来评定表面粗糙度，表面粗糙度的评定参数一般要从 *Ra* 和 *Rz* 中选取。（　　）

4. 表面粗糙度 *Ra* 是轮廓最大高度的评定参数。（　　）

5. 在确定表面粗糙度的参数值时，取样长度可以任意选定。（　　）

6. 测量表面粗糙度时，规定取样长度是为了限制和减弱宏观几何误差的影响。（　　）

7. 一般情况下，在 *Ra*、*Rz* 参数中优先选用 *Ra*。（　　）

8. 在评定表面粗糙度时，若无特别指明，通常指横向表面轮廓。（　　）

二、选择题（标 * 的为多项选择题）

1. 实际轮廓是指平面与________相交所得的轮廓线。

A. 理想表面　　B. 实际表面　　C. 加工表面

*2. 关于 *Ra*、*Rz* 的应用，正确的叙述有________。

A. *Rz* 常用于允许有较深加工痕迹的表面

B. *Rz* 可用于因表面很小不宜采用 *Ra* 评定的表面

C. *Rz* 由于测量计算简单，因此应用较多

D. *Ra* 不能全面反映被检验表面状况

3. 轮廓的算术平均偏差是指在________长度内，轮廓偏距绝对值的算术平均值。

A. 取样　　B. 中线　　C. 评定　　D. 基准线

4. 评定表面粗糙度时，规定取样长度是为了________，规定评定长度是为了________。

A. 测量方便

B. 减少波纹度的影响

C. 考虑加工表面不均匀

5. 取样长度是指用于判别评定轮廓的不规则特征的一段________长度。

A. 评定　　B. 中线　　C. 测量　　D. 基准线

6. 评定表面粗糙度的取样长度至少包含________个峰和谷。

A. 3　　B. 5　　C. 7　　D. 9

7. 用于判别评定轮廓所必需的一段长度称为________。

A. 基本长度　　B. 评定长度　　C. 取样长度　　D. 轮廓长度

三、填空题

1. 测量表面粗糙度轮廓时，应把测量限制在一段长度上，这段长度称为________。

2. 在取样长度内，轮廓顶线和轮廓谷底之间的距离称为________。

3. 取样长度用________表示，评定长度用________表示，轮廓中线用________表示。

4. 标准规定确定取样长度时，在取样长度范围内应包括一般不少于________个以上的轮廓峰和谷。

5. 轮廓算术平均偏差用________________表示；轮廓最大高度用________表示。一般情况下优先选用________________________________。

6. 国家标准中规定表面粗糙度的主要评定参数（高度特征参数）有________和________两项。

四、简答题

1. 表面粗糙度轮廓、波纹度和宏观形状轮廓误差三者的关系如何？

2. 什么是取样长度？什么是评定长度？

3. 规定取样长度和评定长度的目的是什么？

4. 表面粗糙度的主要评定参数有哪些？它们都有什么特点？优先采用哪个评定参数？

第三节　表面结构代号及标注（GB/T 131—2006）

知识要点

1. 表面粗糙度符号的含义。
2. 表面粗糙度代号各位置的标注内容。
3. 表面粗糙度代号在零件图上的标注方法。
4. 零件图上表面粗糙度的识读与标注。

✔重点内容概括（考点）

1. 为了明确表面结构要求，除了标注结构参数和数值外，必要时还应标注补充要求，包括传输带、取样长度、加工工艺、表面纹理及方向和加工余量等。在表面结构符号上，标注表面结构参数值及有关的规定项目后，组成表面结构代号。

2. 标注表面结构代号需要注意以下几点：

1）“16% 规则”：用同一个参数及评定长度，测值大于（或小于）规定值的个数不超过总数的 16%，则该表面合格。

2）“最大规则”：在被检的整个表面上，参数值一个也不能超过规定值。

3）“传输带”：评定时的波长范围，默认评定长度为 5 倍的取样长度 λ_c。使用传输带的优点是测量的不确定度大为降低。

3. 表面粗糙度在零件图上的标注方法：

1）对零件的每一表面一般只标注一次，并尽可能标注在相应尺寸及其极限偏差的同一视图上。

2）除非另有说明，所标注的表面粗糙度轮廓要求是对完工零件表面的要求。

3）表面粗糙度的符号和数字的注写和读取方向应与尺寸的注写和读取方向一致。

4）表面粗糙度符号的尖端必须从材料外指向并接触零件表面。

4. 表面粗糙度符号的标注：

1）标注在可见表面上的轮廓线或其延长线上，必要时引出标注。

2）在不引起误解的前提下可标注在特征尺寸线上或几何公差框格的上方。

3）当零件全部或多数表面有相同的表面粗糙度要求，或在图样空间有限时，可采取简化标注。

练习题

一、判断题（正确的打√，错误的打 ×）

1. 表面粗糙度要求可标注在几何公差框格的下方。 （ ）

2. 当要求标注表面粗糙度特征的补充信息时，应在表面粗糙度的图形符号长边上加一横线。 （ ）

3. 当图样上标注表面粗糙度幅度参数的最大值或（和）最小值时，表示参数中所有的实测值均不得超过规定值。 （ ）

4. 需要控制表面加工纹理方向时，可在表面粗糙度符号的左下角加注加工纹理方向符号。 （ ）

5. 表面粗糙度要求可标注在轮廓线上，其符号应从材料内指向材料表面。必要时，表面粗糙度符号也可用带箭头或黑点的指引线引出标注。 （ ）

6. 表面粗糙度要求对每一表面一般只标注一次，并尽可能标注在相应的尺寸及其公差的同一视图上。 （ ）

7. 即便在不引起误解时，表面粗糙度要求也不能标注在给定的尺寸线上。 （ ）

8. 零件的加工余量可以标注在表面粗糙度符号的左下角。 (　　)

9. 当零件上所有要素的表面粗糙度要求相同时，表面粗糙度代号可在图样的右上角统一注出。 (　　)

二、选择题（标 * 的为多项选择题）

*1. 表面粗糙度符号

表示________。

A. Ra 的上限值为 3.2μm　　B. Ra 的最大值为 3.2μm

C. 以铣削的方法获得的表面　　D. 用任意加工方法获得的表面

2. 当零件表面是用铸造的方法加工时，标注表面粗糙度时应采用________符号表示。

A. 　　B. 　　C. 　　D. 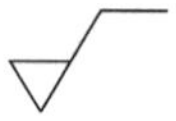

3.  表示________。

A. 加工表面可用任何方法获得

B. 加工表面是用去除材料的方法获得的

C. 加工表面是用不去除材料的方法获得的

4. 表面粗糙度符号 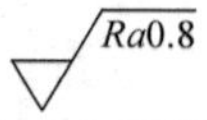

表示________。

A. 用任何方法获得的表面粗糙度的最大允许值为 0.8mm

B. 用不去除材料的方法获得的表面粗糙度的上限值为 0.8μm

C. 用去除材料的方法获得的表面粗糙度的最大允许值为 0.8mm

D. 用去除材料的方法获得的表面粗糙度的上限值为 0.8μm

*5. 关于表面粗糙度的标注正确的叙述是________。

A. 所有表面具有相同的表面粗糙度时，可在零件图的左上角标注表面粗糙度代号

B. 标注螺纹的表面粗糙度时，应标注在螺纹大径处

C. 图样上没有画齿形的齿轮、花键，表面粗糙度代号应注在节圆上

D. 同一表面上各部位有不同的表面粗糙度要求时，应以细实线画出界线

6. 国家标准规定，当图样上标注表面粗糙度评定参数的上限值或（和）下限值时，表示参数的实测值中允许少于总数的________实测值超过规定值。

A. 26%　　B. 16%　　C. 10%　　D. 20%

*7. 表面粗糙度代号标注在图样上的________。

A. 可见轮廓线上　　B. 尺寸界线上

C. 虚线上　　D. 符号尖端从材料外指向并接触被标注表面

8. 零件的加工余量标注在完整符号的左下方，单位为________。

A. cm　　B. dm　　C. mm　　D. μm

9. 取样长度数值标注在表面粗糙度符号的________。

A. 左下角　　B. 横线上　　C. 右下角　　D. 横线下

10. 表面加工余量数值标注在表面粗糙度符号的________。

A. 左下角　　B. 横线上　　C. 右下角　　D. 横线下

11. 表面加工纹理方向符号标注在表面粗糙度符号的________。

A. 左下角　　　　B. 横线上　　　　C. 右下角　　　　D. 横线下

12. 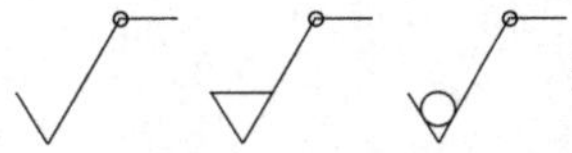 表示________。

A. 所有表面具有相同的表面粗糙度要求

B. 所有表面具有不同的表面粗糙度要求

C. 没有实在意义

*13. 关于表面粗糙度代号在图样上的标注，下列说法中正确的是________。

A. 符号的尖端必须由材料内指向表面

B. 代号中数字的注写方向必须与尺寸数字方向一致

C. 表面粗糙度代号在图样上一般注写在可见轮廓线、尺寸界线、引出线或它们的延长线上

D. 当零件所有表面具有相同的表面粗糙度要求时，其代号可在图样的右上角统一标注

14. 一般情况下同一张图样上，每一表面的表面粗糙度标注________。

A. 一次　　　　B. 两次　　　　C. 没有限制

三、填空题

1. 表面粗糙度代号在图样上应标注在________、________或其延长线上，符号的尖端必须从材料外________表面，代号中数字及符号的注写方向必须与________一致。

2. 在________符号的规定位置上，注出________值及相关的规定项目后就形成了表面粗糙度代号。

3. 需要控制表面加工纹理方向时，可在表面粗糙度符号的________加注加工纹理方向符号。

4. 如果在工件的多数或全部表面有相同的表面粗糙度要求，则其表面粗糙度要求可统一标注在________。

5. 当图样的某个视图上，构成封闭轮廓的各表面有相同的表面粗糙度要求时，应在完整图形符号上加________，标注在图样中零件的________上。如果标注会引起歧义，各表面应________标注。

6. 一零件表面切削加工要求轮廓的算术平均偏差 Ra 的上限值为 6.3μm，在零件图上标注为________。

7. 当图样上标注 max 时，表示参数中________的实测值均不得超过规定值；当图样上未注 max 时，表示参数的实测值中允许________的实测值超过规定值。

四、简答题

1. 表面粗糙度的代号有哪些？它们表示的含义是什么？

2. 常见的加工纹理方向符号有哪些？它们分别代表什么意义？

3. 写出下列表面粗糙度代号表示的含义。

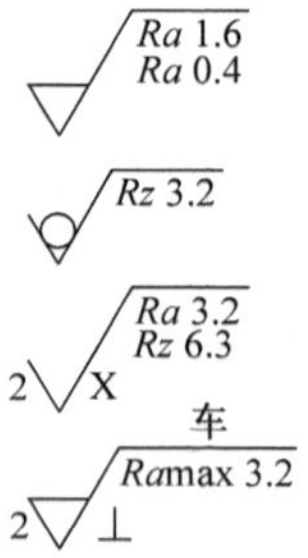

4. 将下列要求标注到图 3-1 中。

（1）ϕ60g6 轴线相对于 ϕ30h6 轴线的同轴度误差不大于 ϕ0.03mm。

（2）ϕ20F7 的内表面粗糙度 *Ra* 的上限值为 3.2μm，下限值为 0.8μm。

（3）ϕ30h6 的表面粗糙度 *Ra* 的最大值为 3.2μm，用车削的方式获得表面，纹理垂直于视图所在的投影面。

（4）*a* 面的表面粗糙度 *Ra* 的最大值为 3.2μm，最小值为 1.6μm。

（5）左端面相对于 ϕ20F7 轴线的轴向圆跳动公差值为 0.035mm。

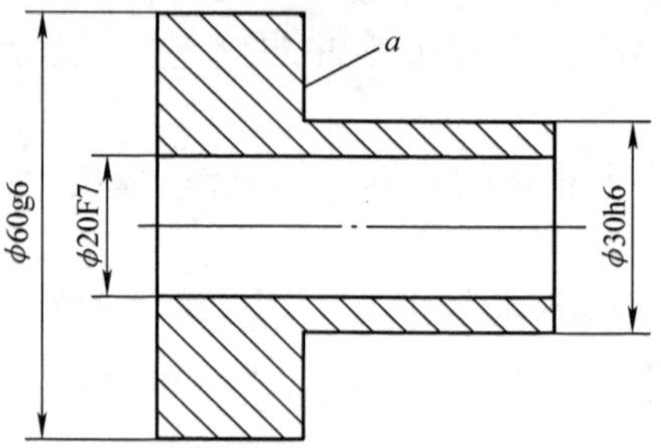

图 3-1

5. 识读图 3-2 中几何公差和表面粗糙度符号的含义。

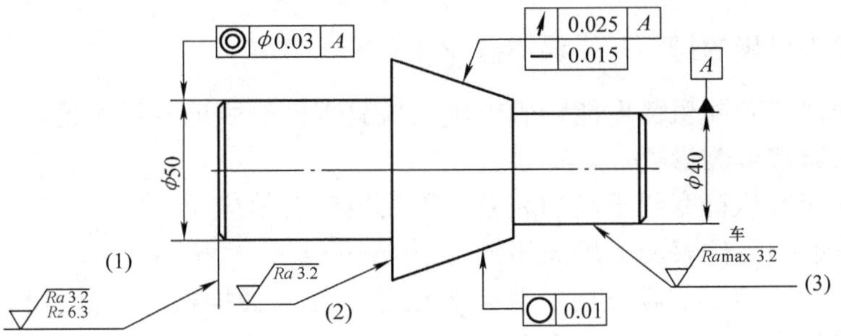

图　3-2

第四节　表面粗糙度数值的选择原则及测量

知识要点

1. 表面粗糙度数值的选择原则。
2. 正确合理地选择表面粗糙度数值。
3. 表面粗糙度常用的测量方法。
4. 表面粗糙度的测量范围和特点。

重点内容概括（考点）

1. 确定零件表面粗糙度值时，除有特殊要求的表面外，一般多采用类比法。

2. 对没必要用更精确的方法来检验的工件表面，选择目视法进行检查。这对加工人员和加工设备要求较高。

3. 采用比较法评定表面粗糙度虽然不精确，但使用方便，且能满足一般的生产要求，常用于生产现场，与标准块进行比对。

4. 针描法不受工件大小制约，可在大型工件上测取数据，避免因取样而破坏工件的麻烦。此方法测得的 *Ra* 值一般为 0.01~6.3μm。

5. 光切法可测金属零件的平面和外圆表面，测量范围为 0.5~60μm。

6. 干涉法是利用光学干涉原理来测量表面粗糙度的方法。它适用于精密加工零件的表面粗糙度测量，适合在计量室使用。测量范围一般为 0.03~1μm。

练习题

一、判断题（正确的打√，错误的打 ×）

1. 用比较法评定表面粗糙度能精确得出被检验表面的表面粗糙度值。 （ ）
2. 用干涉法通常可测量 *Ra* 和 *Rz* 值。 （ ）
3. 尺寸精度和形状精度要求高的表面，表面粗糙度值应小一些。 （ ）
4. 要求耐腐蚀的零件表面，表面粗糙度值应小一些。 （ ）
5. 用比较法检验表面粗糙度时，为减少误差，在选择样板时，其材料、形状、加工方法、加工纹理方向等应尽可能与被测表面相同。 （ ）
6. 选择表面粗糙度评定参数值越小越好。 （ ）
7. 同一零件上工作表面粗糙度值应比非工作表面大。 （ ）
8. 零件表面越粗糙，耐磨性越好。 （ ）
9. 表面粗糙度评定参数 *Ra* 表示轮廓最大高度，*Ra* 值越大，表面越粗糙。 （ ）

二、选择题（标 * 的为多项选择题）

1. 表面粗糙，零件的________。

A. 应力集中　B. 配合精度高　C. 接触刚度增加　D. 耐蚀性好

2. 在表面粗糙度的评定参数中，应优先选用________。

A. *Ra*　B. *Rz*　C. *Rx*　D. *Ry*

3. 用双管显微镜测量表面粗糙度，属于________。

A. 比较法　B. 光切法　C. 触针法　D. 干涉法

*4. 加工后表面粗糙度值能达到 *Ra*1.6μm 的加工方法是________。

A. 砂型铸造　B. 钻　C. 焊炬切割　D. 铣

5. 选择表面粗糙度评定参数值时，下列说法正确的是________。

A. 同一零件上工作表面应比非工作表面参数值大

B. 摩擦表面应比非摩擦表面的参数值大

C. 配合质量要求高，参数值应大

D. 受交变载荷的表面，参数值应小

6. 轮廓仪是根据________原理制成的，双管显微镜是根据________原理制成的。

A. 印模　B. 光切　C. 干涉　D. 针描

7. 在加工车间常用的表面粗糙度评定方法是________。

A. 比较法　B. 光切法　C. 触针法　D. 干涉法

*8. 常用的表面粗糙度的测量方法有________。

A. 比较法　B. 光切法　C. 触针法　D. 干涉法

三、填空题

1. 选取表面粗糙度值时应在满足________的前提下，同时考虑工艺的________和________。

2. 确定零件表面粗糙度值时，除有特殊要求的表面外，一般多采用________。

3. 一般情况下，同一个零件上工作表面的表面粗糙度值应________非工作面的表面粗糙度值。

4. 尺寸精度和形状精度要求高的表面，表面粗糙度值应________一些，要求耐腐蚀的零件表面，表面粗糙度值应________一些。

5. 常用的表面粗糙度检测方法有目测法、________、________、________和________。

6. 比较法是指被测表面与已知高度参数值的________进行比较，用________和________来判断表面粗糙度的方法。比较时，样块与被检表面的加工纹理方向应保持________。

7. 光切法是利用________测量表面粗糙度的方法。光切显微镜就是利用这一原理制成的。光切法的测量范围为________，适用于________参数的评定。

8. 干涉法是利用________来测量表面粗糙度的方法，常用的仪器为________，它适用于________的表面粗糙度测量，测量范围为________，适合在________使用。

9. 电动轮廓表面仪是一种采用________法测量表面粗糙度的仪器，它可以直接指示________值，也可以经________记录出图形，作为________等多种参数的评定依据。此方法测得的 *Ra* 值一般为________μm。

四、简答题

1. 用表面粗糙度比较样板做比较检查工件表面粗糙度时应注意哪些问题？

2. 测量和评定表面粗糙度的基本原则是什么？

3. 表面粗糙度有哪几种测量方法？它们各用于什么场合？测量范围是多少？

第四章 测量技术基础

第一节 测量的基本知识

知识要点

1. 测量的相关基本概念。
2. 测量的四要素。

重点内容概括（考点）

1. 只有合格的零件才具有使用价值。

2. 检测是判断零件的加工过程及机床工序运行是否正常，或确定加工调整补偿量大小的依据。

3. 测量是把被测量与具有计量单位的标准量进行比较，从而确定被测量值的过程。

4. 在几何量测量中，被测对象指长度、角度、表面粗糙度和几何误差等。

5. 一个完整的测量过程应包括被测对象、计量单位、测量方法和测量精度 4 个方面。

练习题

一、判断题（正确的打√，错误的打 ×）

1. 在机械制造业中，只要测量合格，零件就合格。（　　）
2. 通过检验可以得到零件被测几何量的真值。（　　）
3. 测量精度是指测量结果与被测量真值的一致程度。（　　）

二、选择题（标 * 的为多项选择题）

*1. 检测的意义是________。

A. 判断零件的加工过程及机床工序运行是否正常

B. 确定加工调整补偿量大小的依据

C. 确定产品是否满足设计要求

D. 保证产品精度和实现互换性生产的重要前提

*2. 一个完整的测量过程应包括________。

A. 被测对象　　B. 计量单位　　C. 测量方法　　D. 测量精度

*3. 属于检定对象的是________。

A. 游标卡尺　　B. 千分尺　　C. 百分表　　D. 数控车床

三、填空题

1. 测量是指以确定________为目的的操作过程，操作中是将被测几何量与作为________的标准量进行比较，从而确定被测几何量________的量值。

2. 一个完整的测量包括________、________、________和________4 个方面。

3. 被测对象指________、________、________和几何误差等。

4. 测量方法是指测量时所采用的________、________和________的总和。

四、简答题

1. 什么是测量？测量的对象都有哪些？

2. 什么是检测？检测的意义是什么？

3. 测量包含哪些要素？它们的含义是什么？

第二节 长度、角度单位和量值传递

知识要点

1. 长度单位的由来及长度传递系统。
2. 量块的特点及使用。
3. 角度单位的量值传递系统。

重点内容概括（考点）

1. 长度的基本单位为米（m），机械制造中常用的长度单位为毫米（mm）；在精密测量中，常用的长度计量单位是微米（μm）；在超精密测量中，常采用纳米（nm）作为单位。

2. 为了保证量值统一，必须把长度基准的量值准确地传递到生产中应用的计量器具和工件上去。

3. 量块是没有刻度的、截面为矩形的平面平行的端面量具。量块用特殊合金钢制成，具有线胀系数小、不易变形、硬度高、耐磨性好、工作面表面粗糙度值小以及研合性好等特点。

4. 量块可作为标准器具进行长度量值传递；用来检定、校对和调整计量器具；用于测量工件、精密划线和精密调整机床。

5. 量块按制造精度分为 5 级，即 K 级（校准级）和 0、1、2、3 级（准确度级），准确度级的精度从 0 级开始依次下降。

6. 量块按“等”使用比按“级”使用时的测量精度高。

7. 每块量块只有一个工作尺寸。

8. 在计量部门，为了工作方便，在高精度的分度中，仍常以多面棱体作为角度基准来建立角度传递系统。

练习题

一、判断题（正确的打√，错误的打 ×）

1. 为了保证量值的准确性，才把长度基准的量值传递到生产中应用的计量器具和工件上去。（　）
2. 长方体形状的量块有两个测量面，且互相平行。（　）
3. 量块是单值量具，一个量块只代表一个尺寸。（　）
4. 量块按制造精度分为 4 级，即 0、1、2、3 级，精度从 0 级开始依次提高。（　）
5. 量块按“等”使用时，量块的工件尺寸既包含制造误差，也包含检定量块的测量误差。（　）
6. 量块按“等”使用比按“级”使用时的测量精度高。（　）

7. 量块在组合时可以将工作面与非工作面进行推合。（ ）

8. 量块可以无限期使用。（ ）

二、选择题（标 * 的为多项选择题）

1. 1983 年，第________届国际计量大会正式通过米的新定义。

A. 十七　　B. 十六　　C. 十八　　D. 十九

2. 为了减少量块组误差，力求使用最少的块数获得所需要的尺寸，量块一般不超过________块。

A. 2　　B. 3　　C. 4　　D. 5

3. 机械制造中常用的长度单位为________。

A. 米　　B. 毫米　　C. 微米　　D. 厘米

4. 量块按“等”使用忽略了量块的________。

A. 制造误差　　B. 测量误差　　C. 以上二者均有　　D. 以上二者均无

*5. 量块的精度指标主要有________。

A. 尺寸精度　　B. 测量面平行精度

C. 研合性　　D. 表面粗糙度

三、填空题

1. 计量单位为了保证测量的________，必须保证测量过程中________的统一。我国的法定计量单位是以________为基础确定的。

2.1984 年国家进一步统一计量单位，规定长度的基本单位为________，机械制造中常用的长度单位为________。

3. 我国法定计量单位规定平面角的角度单位为________、________、________及________。

4. 把量块放在工作台上时，应使量块的________与台面接触。

5. 量块按其制造精度分为________五级，其中________级最高，________级最低；量块按其检定精度分为________五等，其中________等最高，________等最低。

四、简答题

1. 什么是长度传递系统？

2. 量块有什么特点？

3. 量块的“等”和“级”是怎样划分的？按“等”和按“级”使用量块各有何优缺点？

4. 简述量块的使用注意事项。

第三节　计量器具和测量方法

知识要点

1. 常用计量器具的分类。
2. 计量器具的基本技术指标。
3. 常用量具的测量原理，准确识读测量数值。
4. 常用量具的使用注意事项。
5. 测量方法的分类。
6. 计量器具及测量方法的合理选择。

✔重点内容概括（考点）

1. 计量器具是指测量仪器和测量工具的总称，包含量具、量规和量仪。

2. 计量器具的技术指标有标尺间距、分度值、测量范围、示值范围、示值误差和不确定度。

3. 游标类量具主要有游标卡尺（长度）、高度游标卡尺和深度游标卡尺。其中游标卡尺使用最广泛，适用于中等精度工件尺寸的测量与检验，可测量工件的内径、外径、长度、宽度、厚度、深度及孔距等尺寸。最常用游标卡尺的分度值为 0.02mm。

4. 外径千分尺的分度值为 0.01mm，微米千分尺的分度值为 0.001mm，均是应用螺旋副读数原理进行测量的量具。千分尺是应用很广的精密量具，其精度分为 0 级和 1 级，可用于测量公差等级为 IT6~IT10 的工件。按结构和用途的不同，有外径千分尺、内径千分尺和深度千分尺。

5. 百分表的分度值为0.01mm，千分表的分度值为0.001mm。百分表有0级和1级两种，0级适用于检测尺寸公差等级为IT6~IT7的工件；1级适用于检测尺寸公差等级为IT6~IT9的工件。千分表适于检测尺寸公差等级为IT5~IT6的工件。

6. 按照不同的出发点，测量方法有各种不同的分类。

练习题

一、判断题（正确的打√，错误的打 ×）

1. 可以通过量规测得具体尺寸大小来判断零件是否合格。（　　）
2. 量规检验可以获得被测几何量的具体数值。（　　）
3. 量具具有传动放大系统，可直接测出尺寸。（　　）
4. 水柱式气动量仪是以压缩空气为介质，通过其流量或压力的变化来实现原始信号转换的量仪。（　　）
5. 计量器具的校正值与示值误差大小相等、符号相反。（　　）
6. 一般来说，分度值越小，计量器具的精度越高。（　　）
7. 游标卡尺的量爪合拢后，如果游标零线与尺身没有对齐，应先校准零位。（　　）
8. 用游标卡尺测量工件的读数为12.41mm。（　　）
9. 高度游标卡尺可以用来划线，它既可以给半成品划线，也可以给毛坯划线。（　　）
10. 分度值为0.02 mm的游标卡尺，尺身上50格的长度与游标上49格的长度相等。（　　）
11. 使用量具测量时，不可施加过大的作用力。（　　）
12. 游标卡尺是中等精度的量具，不能测量精度要求高的零件，但可以用来测量毛坯件。（　　）
13. 不允许在千分尺的固定套筒和微分筒之间加入酒精、煤油、柴油、凡士林和润滑油。（　　）
14. 用外径千分尺可以直接测量得到轴的直径。（　　）
15. 用千分尺测量工件时，可一边轻轻转动工件一边测量。（　　）
16. 用千分尺可以测量正在旋转的零件。（　　）
17. 千分尺可以当卡规用，而且不会划坏千分尺的测量面。（　　）
18. 千分尺是一种测量精度比较高的通用量具，不能测量毛坯件及未加工的表面。（　　）
19. 测量公称尺寸为52mm的尺寸，应选用测量范围为25~50mm的千分尺。（　　）
20. 使用千分尺测量完毕，应反转微分筒，再退出千分尺。（　　）
21. 量具应定期送计量部门进行检定。（　　）
22. 内径千分尺的工作原理与外径千分尺相同，只是标尺上数字的顺序与外径千分尺相反。（　　）
23. 百分表的测头开始与被测表面接触时，只能轻微接触表面，以免产生过大的接触力，并保持足够的示值范围。（　　）

24. 百分表最大示值范围为 0~10mm，因而百分表只能用来测量尺寸较小的零件。（　　）
25. 用百分表测量长度尺寸时，采用的是相对测量法。（　　）
26. 为了合理保养千分表、百分表等精密量仪，应在其测量杆上涂上防锈油。（　　）
27. 直接测量必为绝对测量。（　　）
28. 为减少测量误差，一般不采用间接测量。（　　）
29. 通常相对测量比绝对测量的精度要低。（　　）
30. 气动测量属于接触测量。（　　）

二、选择题（标 * 的为多项选择题）

1. 光学式量仪是用________实现原始信号转换的量仪。
A. 机械方法　B. 电动方法　C. 光学方法　D. 气动方法
*2. 关于量具的说法，以下正确的有________。
A. 量具的结构一般比较简单
B. 量具没有传动放大系统
C. 量具只能与其他计量器具同时使用
D. 量具可以分为单值量具和多值量具两种
3. 能准确读出的计量器具最小单位数值应等于计量器具的________。
A. 读数值　B. 标尺间距　C. 示值误差　D. 灵敏度
4. 下列计量器具中，测量精度最高的是________。
A. 百分表　B. 游标卡尺　C. 千分表　D. 千分尺
5. 分度值为 0.02mm 的游标卡尺的游标标尺间距是________。
A .0.02mm　B. 0.98mm　C. 1mm　D. 2mm
6. 对分度值为 0.05mm 的游标卡尺，当游标零线对齐尺身上第 8mm 标尺标记，游标尺上第 5 条标尺标记与尺身上某条标尺标记对齐，此时，游标卡尺所示尺寸为________。
A. 8mm　B. 8.55mm　C. 8.05mm　D. 8.25mm
7. 下列属于螺旋测微量具的是________。
A. 量块　B. 游标卡尺　C. 百分表　D. 内径千分尺
*8. 测量一根轴的外径，可以使用的测量量具有________。
A. 游标卡尺　B. 百分表　C. 量块　D. 千分尺
9. 千分尺又称螺旋测微器，它相比游标卡尺的测量________。
A. 更精密　B. 更粗糙　C. 测量效果一样
10. 用外径千分尺测量尺寸 28.65mm，活动套管边缘位于固定套管________mm 后面。
A. 28　B. 28.5　C. 29　D. 30
*11. 游标卡尺的分度值有________。
A. 0.02mm　B. 0.05mm　C. 0.2mm　D. 0.1mm
12. 分度值为 0.02mm 的游标卡尺，游标上的 50 格与尺身上的________mm 对齐。
A. 51　B. 49　C. 50　D. 41
13. 通过更换可换接头，可改变内径百分表的________。
A. 量程　B. 精度　C. 结构　D. 用途

14. 测量直径为 $\phi 25 \pm 0.015$mm 的轴颈，应选用的量具是________。

A. 游标卡尺　B. 杠杆百分表　C. 内径千分尺　D. 外径千分尺

15. 在使用百分表时，测头与被测表面接触，测量杆应有一定的预压量，一般为________mm。

A. 0.1~0.3　B. 0.3~1　C. 1~1.5　D. 1.5~2

16. 用内径千分尺测量孔径时，让活动测头在被测孔壁上的轴向和圆周方向摆动，直到在轴向找到最小值和在径向上找到________为止。

A. 最小值　B. 最大值　C. 中间值　D. 无所谓

17. 测量轴直线度偏差的常用量具是________。

A. 外径千分尺　B. 千分表　C. 钢直尺　D. 游标卡尺

18. 游标卡尺属于________类测量器具。

A. 游标　B. 螺旋测微　C. 机械量仪　D. 光学量仪

19. 分度值为 0.02mm 的游标卡尺，其读数为 30.42mm 时，游标尺上第________格与尺身标尺标记对齐。

A. 30　B. 21　C. 42　D. 49

*20. 千分尺可以测量________工件。

A. 固定　B. 外回转体　C. 旋转中的　D. 中等精度等级

21. 用量具测量读数时，目光应________量具的刻度。

A. 垂直于　B. 倾斜于　C. 平行于　D. 任意

22. 可用来测量外螺纹中径的测量工具是________。

A. 外径千分尺　B. 游标卡尺

C. 螺纹千分尺　D. 螺纹游标卡尺

23. 千分尺的活动套筒转动一格，测微螺杆移动________mm。

A. 0.1　B. 1　C. 0.01　D. 0.001

24. 内径百分表测量时的最小值是被测工件的________尺寸。

A. 正确　B. 错误　C. 公称　D. 实际

25. 内径百分表的测量范围是通过更换________得到的。

A. 表盘　B. 检验杆　C. 长指针　D. 可换测头

26. 百分表校正后，若移动测量杆，长指针逆时针方向转过 20 格，则测量杆________。

A. 伸出 0.2mm　B. 缩进 0.2mm　C. 缩进 0.8mm　D. 伸出 0.8mm

27. 使用百分表测量时，应使测量杆与零件被测表面________。

A. 平行　B. 垂直　C. 倾斜

28. 测量一根轴 $\phi 30f7(^{-0.025}_{-0.046}$mm)，选择的测量量具是________。

A. 游标卡尺　B. 卡钳　C. 量块　D. 千分尺

29. 测量前，需调整内径百分表的________。

A. 零位　B. 个位　C. 十位　D. 百位

30. 下列测量中属于间接测量的是________。

A. 用千分尺测量外径　B. 用内径百分表测量内径

C. 用游标卡尺测量两孔中心距　D. 用光学比较仪测量外径

31. 用游标卡尺测量两孔的中心距，该测量方法属于________。

A. 绝对测量　　B. 间接测量　　C. 直接测量　　D. 相对测量

三、填空题

1. 计量器具是________和________的总称，按结构特点可以分为________、________和________三类。

2. 量规是一种没有________的、用以检验零件尺寸或形状以及相互位置的专用检验工具。它只能________，而不能得出具体尺寸大小。

3. 标尺间距是指计算器具刻度标尺或度盘上________间的距离。测量范围是计量器具所能测量的 ________与________范围。示值误差是测量器具________减去被测量的________所得的差值。

4. 计量器具所能测量的最大值与最小值范围是________。

5. 游标卡尺结构简单、使用方便、测量尺寸范围大，适用于检测________精度工件。

6. 图 4-1 中分度值为 0.02mm 游标卡尺的读数为________mm。

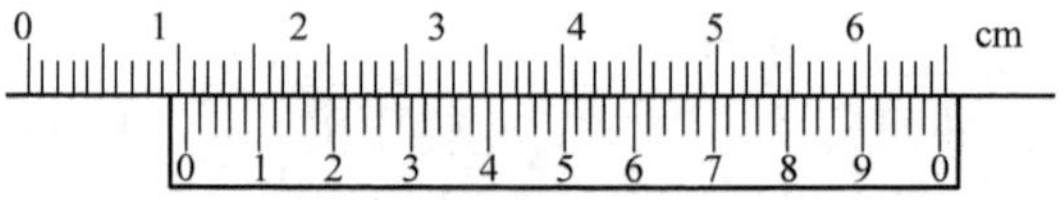

图　4-1

7. 用千分尺测量某一物体的厚度时，示数如图 4-2a 所示，读数是________mm。用游标卡尺可以测量某些工件的外径，测量时，示数如图 4-2b 所示，则读数为________mm。

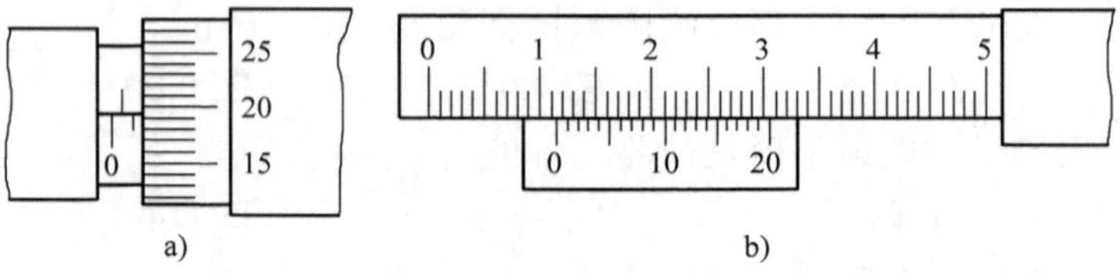

图　4-2

8. 用游标卡尺测量工件中心孔距时，两孔内径为 Q 和 R，两孔内表面之间的最小距离为 A，两孔内表面最大距离为 B，则两孔的中心孔 X=________或 Y=________。

9. 游标卡尺的读数部分由________和________组成。它通常用来测量内外径尺寸、________、________、________及________等。

10. 常用的游标卡尺的分度值是________，千分尺的分度值是________，百分表的分度值是________。

11. 如果游标卡尺的游标尺上 50 个标尺分度的长度等于尺身上的 49mm，此时游标尺上的标尺间距为________，则此游标卡尺的分度值为________。

12. 外径千分尺由________、________、________和锁紧装置等组成。其制造精度可分为________级和________级两种，________级的精度高。

13. 某一测量范围为 0~25mm 的外径千分尺，当活动测杆与测砧可靠接触时，其读数

为 +0.02mm。若用此千分尺测量工件直径时，读数为 19.95mm, 其系统误差值为________，修正后的测量结果为________。

14. 百分表由________、________和________等组成，它可用作________和相对测量，测量范围通常有________mm、________mm 及 0~10mm 三种。

15. 分度值为 0.01mm 的 0 级百分表，适用于检测尺寸精度为________级的工件；1 级百分表适用于检测尺寸精度为________级的工件。分度值为 0.001mm 及 0.005mm 的千分表适用于检测尺寸精度为________级的工件。

16. 高度游标卡尺配有双向电子测头，确保了测量的________和________，其分辨率为________mm，并且配有硬质合金划线器，具有________及________功能，还带有数据保持与输出功能，对模具制造和检修很有用。

17. 直接测量指直接用________和 ________测出零件被测几何量值的方法。间接测量指通过直接测量与被测量间有________关系的量。为减小测量误差，一般都采用________，必要时才采用________。

18. 绝对测量是指被测量的全值从计量器具的读数装置________读出。相对测量是指计量器具的示值仅表示被测量对已知标准量的偏差，而被测量的量值为计量器具的________与________的代数和。一般说来，相对测量的测量精度比绝对测量的测量精度________。

四、简答题

1. 什么是计量器具？计量器具可以分为哪几类？

2. 计量器具的基本技术指标有哪些？

3. 名词解释。

（1）量具和量仪

（2）直接测量和间接测量

（3）绝对测量和相对测量

（4）示值范围和测量范围

4. 简述游标卡尺的使用方法。

5. 简述游标卡尺的使用和维护保养内容。

6. 外径千分尺的结构如何？使用时应注意什么？使用完后又该如何维护保养？

7. 简述百分表的使用注意事项。

8. 测量方法可以分为哪几类？

9. 识读图 4-3 所示读数并将其填写在横线上。

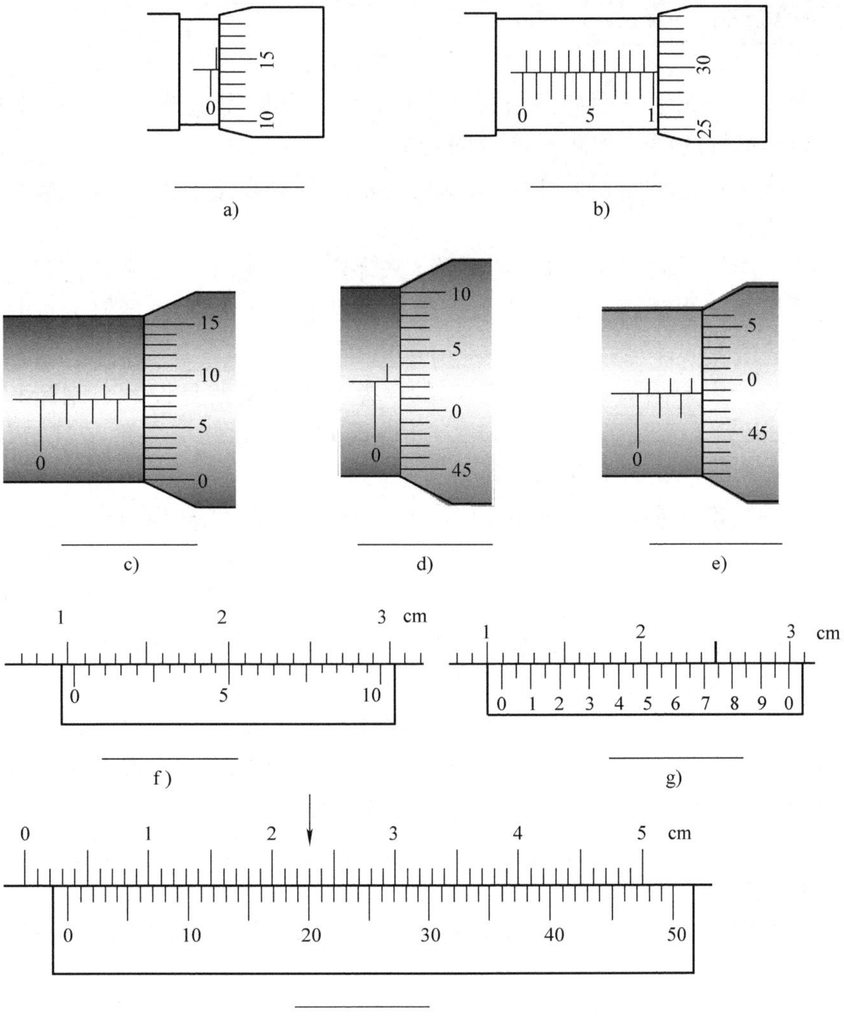

图　4-3

第四节　测 量 误 差

知识要点

1. 测量误差的由来。
2. 关于测量误差量值的几个术语。
3. 测量误差的量值分析。
4. 测量误差的产生原因。
5. 测量误差的分类及各类误差的分析处理。
6. 测量精度的三个指标。

重点内容概括（考点）

1. 任何测量过程，无论采用如何精密的测量方法，其测得值都不可能是被测量的真值。这是由于计量器具本身的误差和测量条件限制的。

2. 实际值在满足规定的精确程度时用以代替被测量的真值；测量值一般是被测量真值的近似值。

3. 测量误差常用绝对误差 δ 和相对误差 f 来评定。δ 越小，被测几何量的测得值就越接近真值，其测量精度也就越高，反之就越低；用测得值 x 来代替真值 x_0，其差异极其微小，不影响对测量精度的评定。

4. 测量误差的产生原因有计量器具引起的误差（在计量器具设计、制造和使用的过程中产生的）、方法误差（测量方法不完善）、环境误差（实际环境条件与规定条件不一致）和人员误差（测量人员主观因素和操作技术）。

5. 测量误差按其性质和表现形式可以分为系统误差、随机误差和粗大误差。系统误差属于有规律的误差，随机误差属于无规律性的误差，而粗大误差属于比较明显的误差。

6. 系统误差的主要特性是规律性。从理论上讲，系统误差可以完全消除，但由于种种因素的影响，系统误差实际上只能减小到一定程度。一般说来，系统误差若能减小到使其影响只相当于随机误差的程度，则可认为已被消除。

7. 随机误差的主要特性是随机性。单个随机误差的出现具有随机性，即它的大小和符号都不可预知，但是，当重复测量次数足够多时，随机误差的出现遵循统计规律。随机误差具有 4 个统计特征：对称性、单峰性、抵偿性和有界性。

8. 粗大误差指明显超出规定条件下预期的误差，也称疏失误差或粗差，应根据判断粗大误差的准则予以剔除。

9. 测量的精度包含准确度、精密度和精确度。它们都是定性的概念，不能用数值定量表示。

练习题

一、判断题（正确的打√，错误的打 ×）

1. 修正值就是绝对误差的绝对值。（ ）
2. 修正值与绝对误差大小相等、符号相同。（ ）
3. 测量结果不可避免地存在误差，任何实测值都存在误差。（ ）
4. 误差的绝对值与实测值之比称为相对误差。（ ）
5. 产生系统误差的主要原因是测量仪器和工具构造不完善或校正不完全准确。（ ）
6. 测量的精确度是准确度和精密度的综合，精确度高则说明准确度和精密度都高。（ ）
7. 绝对误差越大则相对误差越大。（ ）
8. 系统误差和偶然误差通常是同时产生的，当系统误差消除或减少后，决定检测精度的主要是偶然误差。（ ）
9. 粗大误差具有随机性，可采用多次测量、求平均的方法来消除或减少。（ ）
10. 通过多次测量取平均值的方法可减弱随机误差对测量结果的影响。（ ）
11. 被测量的真值是客观存在的，然而却是无法获得的。（ ）
12. 系统误差的绝对值和符号在任何测量条件下都保持恒定，即不随测量条件的改变而改变。（ ）
13. 在相同观测条件下，对某一量进行一系列观测，若误差的大小和符号保持不变，或按一定的规律变化，这种误差称为偶然误差。（ ）
14. 测量误差的分布服从正态分布规律，是随机误差和系统误差的综合反映。（ ）
15. 在观测条件不变的情况下，为了提高测量的精度，唯一方法是增加测量次数。（ ）
16. 为了减少测量误差，应使被测量的数值尽可能地在仪表满量程的 2/3 以上。（ ）
17. 测量过程中产生随机误差的原因可以一一找出，而系统误差是测量过程中所不能避免的。（ ）

二、选择题（标 * 的为多项选择题）

*1. 下列描述属于测量误差来源的是________。

A. 仪器误差和（环境）影响误差　　B. 满度误差和分贝误差

C. 人员误差和测量对象变化误差　　D. 理论误差和方法误差

2. 被测量真值是________。

A. 可以准确测定的

B. 在一定条件下客观存在，但很多情况下不能准确确定

C. 全部不能准确测定

D. 客观上均不存在，因而无法测量

3. 由于测量器具零位不准而出现的误差属于________。

A. 随机误差　　B. 粗大误差　　C. 系统误差　　D. 测量误差

4. 测量过程中测出的误差一会儿大、一会儿小的误差是________。

A. 随机误差　　B. 粗大误差　　C. 系统误差　　D. 测量误差

5. 绝对误差与真值之比称为________。

A. 绝对误差　　B. 极限误差　　C. 相对误差

6. 下列测量值中精度最高的是________。

A. 真值为 40mm，测得值为 40.05mm

B. 真值为 40mm，测得值为 40.02mm

C. 真值为 40mm，测得值为 39.95mm

D. 真值为 100mm，测得值为 100.03mm

7. 由于仪器误差对水准测量读数所造成的误差是________。

A. 偶然误差　　B. 可能是偶然误差也可能是系统误差

C. 系统误差　　D. 既不是偶然误差也不是系统误差

*8. 下列哪项误差属于系统误差________。

A. 水平角测量中对中误差　　B. 水准测量中估读毫米数不准

C. 视差的影响　　D. 水平角测量中度盘刻度误差

9. 用指针式万用表测电压时因未调零而产生的测量误差属于________。

A. 随机误差　　B. 系统误差　　C. 粗大误差　　D. 人员误差

10. 某同学用同一把刻度尺对同一物体的长度进行了 4 次测量，结果如下：14.34mm、14.36mm、14.35mm、14.43mm，则该物体的长度应记为________。

A.14.37mm　　B.14.34mm　　C.14.35mm　　D.14.36mm

11. 系统误差越小，测量结果________。

A. 越准确　　B. 越不准确　　C. 越不一定准确　D. 与系统误差无关

*12. 下列几种误差中，属于系统误差的有________。

A. 仪表未校零所引起的误差　　B. 测频时的量化误差

C. 测频时的标准频率误差　　D. 读数错误

13. 下列几种误差中，属于粗大误差的是________。

A. 仪表未校零所引起的误差　　B. 测频时的量化误差

C. 测频时的标准频率误差　　D. 读数错误

14. 被测量的实际大小，称为________。

A. 示值　　B. 真值　　C. 实际值　　D. 满度值

15. 下列关于误差和错误的理解，正确的是________。

A. 误差就是测量中产生的错误

B. 只要认真测量，误差和错误都可以避免

C. 只要选用精密的测量仪器，就可以消除误差

D. 误差只可能尽量减小，不可能避免

16. 含有下列________的测得值应该按一定的规则，从一系列测得值中予以剔除。

A. 定值系统误差　B. 变值系统误差　C. 随机误差　　D. 粗大误差

17. 精度是表示测量结果中________影响的程度。

A. 系统误差大小　B. 随机误差大小　C. 粗大误差大小

18. 取多次重复测量的平均值来表示测量结果可以减少________。

A. 定值系统误差　B. 变值系统误差　C. 随机误差　　D. 粗大误差

三、填空题

1. 测量误差按性质可分为________、________和________。

2. 用钢直尺丈量某段距离，往测为112.314m，返测为112.329m，则相对误差为________。

3. 相对误差定义为________与________的比值，通常用百分数表示。

4. 在一定测量条件下，n次测取同一量值x，其测量误差绝对值和符号以不可预计的方式变化，则为________误差。

5. 随机误差的大小，可以用测量值的标准偏差来衡量，其值越小，测量值越________，测量的________越高。

6. 测量的准确度表征了________和________的接近程度。

7. ________、________、________和________是随机误差的重要特性，可通过统计平均的办法来削弱随机误差对测量结果的影响。

8. 根据对误差掌握的程度，系统误差可分为________和________。根据误差变化的规律，变值系统误差又可分为________、________和________。

9. 系统误差可用________、________等方法消除。

10. 测量的精度包含了________、________和________三个概念。

四、简答题

1. 多级弹导火箭的射程为10000km时，其射击偏离预定点不超过0.1km；在射击场中，优秀射手能在距离50m的远处准确地射中直径为2cm的靶心，试评述哪一个射击精度高。

2. 简述测量误差的定义及分类。不同种类误差的特点是什么？

3. 什么是系统误差？若测量结果中存在系统误差，该如何处理？

4. 什么是随机误差？随机误差的产生原因是什么？随机误差有什么特性？

5. 测量精度包含哪些内容？在实际测量中这些内容有什么关系？

6. 研究误差的意义是什么？误差理论研究的主要内容是什么？

7. 什么是测量误差？什么是修正值？含有误差的某一测得值经过修正后，能否得到被测量的真值？为什么？

第五节　光滑工件尺寸的检验

知识要点

1. 工件验收的原则、方法。
2. 验收极限的确定方式。

重点内容概括（考点）

1. 为了保证验收产品的质量，国家标准规定了验收极限和计量器具的测量不正确度允许值和计量器具的选用原则，从而有效地解决了“误收”和“误废”现象。

2. 多数计量器具通常只用于测量尺寸，而不测量工件存在的形状误差。

3. 验收极限是检验工件尺寸时判断合格与否的尺寸界限。内缩方式验收极限是从规定的最大实体极限和最小实体极限分别向工件公差带内移动一个安全裕度来确定的。

4. 验收极限方式的选择，要结合尺寸的功能要求及其重要程度、尺寸公差等级、测量不确定度和工艺能力等因素综合考虑。

5. 光滑极限量规能控制被检孔或轴、边界条件无刻线长度的专用测量器具。它不能确定工件的实际尺寸，只能确定工件尺寸是否处于规定的极限尺寸范围内。

6. 塞规是孔用极限量规，其通规是根据孔的下极限尺寸设计的，作用是防止孔的实际尺寸小于孔的下极限尺寸；止规是按孔的上极限尺寸设计的，作用是防止孔的实际尺寸大于孔的上极限尺寸。

7. 环规是轴用量规，其通规是按轴的上极限尺寸设计的，作用是防止轴的实际尺寸大于轴的上极限尺寸；止规是按轴的下极限尺寸设计的，作用是防止轴的实际尺寸小于轴的下极限尺寸。

8. 光滑极限量规适用于检测公称尺寸≤ 500mm、公差等级 IT6~IT16 的采用包容要求的孔和轴。

9. 量规按用途分为工作量规、验收量规和校对量规三种。工作量规是操作者在生产过程中检验工件用的量规，其通规和止规分别用代号“T”和“Z”表示；验收量规是检验部门或用户验收产品时使用的量规；校对量规是用于校对轴用工作量规的量规，以检验其是否符合制造公差和在使用中是否达到磨损极限。实际生产中，工作量规用得最多、最普遍。

练习题

一、判断题（正确的打√，错误的打 ×）

1. 光滑极限量规是依据包容原则综合检验光滑工件的尺寸与形状的无刻度的检测工具。（　　）

2. 光滑量规通规的公称尺寸等于工件的上极限尺寸。（　　）

3. 止规用来控制工件的实际尺寸不超过最大实体尺寸。（　　）

4. 检验孔的尺寸是否合格的量规是通规，检验轴的尺寸是否合格的量规是止规。（　　）

5. 塞规是检验孔用的极限量规，它的通规是根据孔的下极限尺寸设计的。（　　）

6. 环规是检验轴用的极限量规，它的通规是根据轴的下极限尺寸设计的。（　　）

7. 塞规中的止规是按轴的上极限尺寸设计的，其作用是防止轴的实际尺寸大于轴的上极限尺寸。（　　）

8. 用以检验工作量规的量规是校对量规。（　　）

9. 国家标准规定，工作量规采用内缩极限。（　　）

10. 安全裕度由测量器具的不确定度所决定。（　　）

11. 验收极限即上极限尺寸和下极限尺寸分别减去一个安全裕度 A。（　　）

二、选择题（标 * 的为多项选择题）

*1. 下列说法正确的有________。

A. 量规通规磨损超过磨损极限时，将产生误收

B. 量规止规磨损超过磨损极限时，将产生误收

C. 量规止规实际尺寸若小于其下极限尺寸时，将产生误废

D. 量规通规实际尺寸若大于其上极限尺寸时，将产生误废

*2. 在车间检验 ϕ40g7 轴所用的量规，下列说法正确的有________。

A. 该量规称为塞规　　B. 该量规属于验收量规

C. 该量规称为环规　　D. 该量规属于工作量规

3. 光滑极限量规通规的设计尺寸应为工件的________。

A. 上极限尺寸　　B. 下极限尺寸　　C. 最大实体尺寸　D. 最小实体尺寸

4. 光滑极限量规止规的设计尺寸应为工件的________。

A. 上极限尺寸　　B. 下极限尺寸　　C. 最大实体尺寸　D. 最小实体尺寸

*5. 下列说法正确的有________。

A. 验收量规是用来验收工作量规的

B. 验收量规一般不单独制造，而用同一形式且已磨损较多的量规代替

C. 在用量规验收工件时，通规应接近工件的最大实体尺寸

D. 量规尺寸公差带采用“内缩工件极限”时，不利于被检工件的互换性，因为它实际上缩小了被检工件的尺寸公差

6. 为了延长量规的使用寿命，国家标准除规定量规的制造公差外，对________还规定了磨损公差。

A. 工作量规　　B. 验收量规　　C. 通规　　D. 止规

*7. 塞规的通规用来控制工件的________。

A. 上极限尺寸　　B. 下极限尺寸　　C. 最大实体尺寸　D. 最小实体尺寸

*8. 环规的通规用来控制工件的________。

A. 上极限尺寸　　B. 下极限尺寸　　C. 最大实体尺寸　D. 最小实体尺寸

9. 符合极限尺寸判断原则的通规的测量面应设计成________。

A. 与孔或轴形状相对应的不完整表面

B. 与孔或轴形状相对应的完整表面

C. 与孔或轴形状相对应的不完整表面或完整表面均可

10. 符合极限尺寸判断原则的止规的测量面应设计成________。

A. 与孔或轴形状相对应的完整表面

B. 与孔或轴形状相对应的不完整表面

C. 与孔或轴形状相对应的完整表面或不完整表面均可

*11. 对于检验 ϕ25H7（$^{+0.021}_{0}$ mm）Ⓔ孔用量规，下列说法正确的有________。

A. 该量规通规上极限尺寸为 ϕ25.021mm

B. 该量规通规下极限尺寸为 ϕ25mm

C. 该量规止规下极限尺寸为 ϕ25mm

D. 该量规止规上极限尺寸为 ϕ25.021mm

三、填空题

1. 光滑极限量规是________量具，用以判断孔、轴尺寸是否在________范围以内。

2. 量规可分为________、________和________三种。

3. 工作量规和验收量规的使用顺序是操作者应使用________量规，验收量规应尽量接近工件________尺寸。

4. 轴的工作量规是________规，其通规是按轴的________设计的，其作用是防止轴的实际尺寸大于轴的上极限尺寸；止规是按轴的________设计的，其作用是防止轴的实际尺寸小于轴的下极限尺寸。

5.________是孔用极限量规，其通规是根据孔的________设计的，作用是防止孔的实际尺寸小于孔的________；止规是按孔的________设计的，作用是防止孔的实际尺寸大于孔的上极限尺寸。

6. 根据泰勒原则，量规通规的工作面应是________表面，止规的工作面应是________表面。

7. 安全裕度由被检工件的________确定，其作用是________________。

四、简答题

1. 为什么要规定安全裕度和验收极限?

2. 计算 ϕ35H7 和 ϕ50f6 的工作量规尺寸。

3. 什么是光滑极限量规? 它具有什么特点?

第五章 尺寸链基础

第一节　尺寸链的基本概念

知识要点

1. 尺寸链的形成及分类。
2. 尺寸链各类环的定义。
3. 尺寸链分析。
4. 画尺寸链图。

重点内容概括（考点）

1. 尺寸链是在机器装配或零件加工过程中，由相互连接的尺寸形成的封闭尺寸组。

2. 尺寸链的环分为封闭环（在装配过程或加工过程中最后形成的一环）和组成环（除封闭环外的其他环）。组成环可分为增环（引起封闭环的同向变动）和减环（引起封闭环的反向变动）。

3. 根据尺寸链的自身特征以及使用对象的不同，尺寸链有多种形式。

4. 尺寸链的建立与分析：第一步确定封闭环（即机器装配精度所要求的尺寸，封闭环字母下角标为“0”，一个尺寸链中只有一个封闭环）；第二步查明组成环（与封闭环形成一个封闭尺寸组，字母下角标为“1、2、…、n”）；第三步画尺寸链图（遵循最短尺寸链原则，尺寸链图的环数不得小于 3）。

练习题

一、判断题（正确的打√，错误的打 ×）

1. 零件工艺尺寸链一般选择最重要的环作为封闭环。（　　）
2. 封闭环是由结构功能确定的装配精度或技术要求，如装配间隙、位置精度等。（　　）

3. 尺寸链是指在机器装配或零件加工过程中，由相互连接的尺寸形成的封闭尺寸组。（　　）

4. 在确定工艺尺寸链中的封闭环时，要根据零件的工艺方案紧紧抓住“间接获得”的尺寸这一要点。（　　）

5. 组成环是指尺寸链中对封闭环没有影响的全部环。（　　）

6. 尺寸链中，增环尺寸增大，其他组成环尺寸不变，封闭环尺寸增大。（　　）

7. 封闭环公称尺寸等于各组成环公称尺寸的代数和。（　　）

8. 当组成尺寸链的尺寸较多时，一条尺寸链中封闭环可以有两个或两个以上。（　　）

9. 要提高封闭环的精确度，在满足结构功能的前提下，应尽量简化结构，即应遵循“最短尺寸链原则”。（　　）

10. 在工艺尺寸链中，封闭环按加工顺序确定，加工顺序改变，封闭环也随之改变。（　　）

11. 一般来说，尺寸链是封闭的，但在某些特殊场合尺寸链也可以断开。（　　）

12. 封闭环的公差值一定大于任何一个组成环的公差值。（　　）

二、选择题（标 * 的为多项选择题）

*1. 对于尺寸链封闭环的确定，下列说法正确的有________。

A. 图样中未注尺寸的那一环

B. 在装配过程中最后形成的一环

C. 精度最高的那一环

D. 在零件加工过程中最后形成的一环

2. 关于尺寸链，下列说法正确的是________。

A. 封闭环是根据尺寸是否重要确定的

B. 零件中最易加工的那一环即封闭环

C. 封闭环是零件加工中最后形成的那一环

D. 增环、减环都是上极限尺寸时，封闭环的尺寸最小

*3. 属于设计尺寸链的是________。

A. 零件尺寸链　　B. 空间尺寸链

C. 装配尺寸链　　D. 平面尺寸链

4. 一个尺寸链至少由________个尺寸组成，有________个封闭环。

A.1　　B.2　　C.3　　D.4

三、填空题

1. 在建立尺寸链时应遵循________原则。

2. 零件尺寸链中的封闭环根据________确定。

3. 尺寸链是指在机器装配或零件加工过程中，由________形成的________尺寸组。

4. 尺寸链内在装配过程或加工过程中________形成的一环称为封闭环。除了封闭环以外的其他环都称为________。

5. 尺寸链中预先选定的某一组成环，可以通过改变其大小或位置，使封闭环达到规定

要求，该环称为________。

四、简答题

1. 什么是尺寸链？尺寸链有几种形式？

2. 如何建立尺寸链？

3. 在建立尺寸链时，如何确定封闭环？

4. 怎样区分增环与减环？一个长度尺寸链中是否既要有增环，又要有减环？

第二节　尺寸链的解算

知识要点

1. 尺寸链的解法。
2. 用完全互换法解尺寸链的公式。
3. 应用公式解尺寸链。

✔重点内容概括（考点）

1. 完全互换法：在全部产品中，装配时各组成环不需挑选和改变其大小或位置，装入后即能达到封闭环的公差要求，适用于环数不多于4环、精度要求不太高的尺寸链。

2. 修配法：装配时去除补偿环的部分材料以改变其实际尺寸，使封闭环达到其公差或极限偏差要求。

3. 调整法：装配时用调整的方法改变补偿环的实际尺寸或位置，使封闭环达到其公差或极限偏差要求。

4. 分组法：将各组成环按其实测尺寸大小分为若干组，各对应组进行装配，同组零件具有互换性。

5. 用完全互换法解尺寸链相关公式：

1）封闭环公称尺寸

$$A_0 = \sum_{i=1}^{n} A_i - \sum_{i=n+1}^{m} A_i$$

2）封闭环的极限偏差

$$ES_0 = \sum_{i=1}^{n} ES_i - \sum_{i=n+1}^{m} EI_i \qquad EI_0 = \sum_{i=1}^{n} EI_i - \sum_{i=n+1}^{m} ES_i$$

3）封闭环的极限尺寸

$$A_{0\max} = \sum_{i=1}^{n} A_{i\max} - \sum_{i=n+1}^{m} A_{i\min} \qquad A_{0\min} = \sum_{i=1}^{n} A_{i\min} - \sum_{i=n+1}^{m} A_{i\max}$$

4）封闭环的公差

$$T_0 = \sum_{i=1}^{m} T_i$$

5）各组成环的平均公差

$$T_{av} = \frac{T_0}{(n-1)}$$

6. 解尺寸链有正计算（已知各组成环的公称尺寸及极限偏差，求封闭环的公称尺寸及极限偏差）和反计算（已知封闭环的公称尺寸及极限偏差和组成环的公称尺寸，求各组成环的极限偏差）两种。反计算常用等公差法和等精度法两种解法。

练习题

一、判断题（正确的打√，错误的打 ×）

1. 用完全互换法解尺寸链能保证零部件的完全互换性。（　　）

2. 封闭环的上极限偏差等于所有增环上极限偏差之和减去所有减环下极限偏差之和。（　　）

3. 封闭环公称尺寸等于各组成环公称尺寸的代数和。（　　）

4. 当所有增环为下极限尺寸时，封闭环获得上极限尺寸。（　　）

二、选择题（标 * 的为多项选择题）

*1. 对于正计算问题，下列说法正确的有________。

A. 正计算就是已知所有组成环的公称尺寸和公差，求解封闭环的公称尺寸和公差

B. 正计算主要用于验证设计的正确性和求工序间的加工余量

C. 正计算就是已知封闭环的尺寸和公差以及各组成环的公称尺寸，求各组成环的公差

D. 正计算只用在零件的工艺尺寸链的解算中

*2. 下列属于尺寸链解法的有________。

A. 调整法　　B. 修配法　　C. 完全互换法　　D. 分组法

3. 在尺寸链计算中，下列说法错误的是________。

A. 完全互换法解尺寸链适用于环数不多于 4、精度要求不太高的尺寸链

B. 修配法在装配时通过去除补偿环的部分材料使封闭环达到其公差或极限偏差要求

C. 分组法同组零件间具有互换性

D. 调整法在装配时通过去除补偿环的部分材料使封闭环达到其公差或极限偏差要求

三、填空题

1. 封闭环的公称尺寸等于所有________的公称尺寸之和减去所有________的公称尺寸之和。

2. 所有的增环下极限偏差之和减去所有减环上极限偏差之和，即为封闭环的________偏差。

3. 封闭环公差等于________________。

4. 反计算常用________和________两种解法。

四、简答题

1. 尺寸链的计算分哪几种类型？它们的目的分别是什么？

2. 用完全互换法解尺寸链考虑问题的出发点是什么？

3. 加工图 5-1 所示轴套，先车外圆，后车内孔，要求保证壁厚为 5 ± 0.05mm，已知轴套孔对外圆的同轴度公差为 ϕ 0.02mm，求外圆尺寸 A_1。

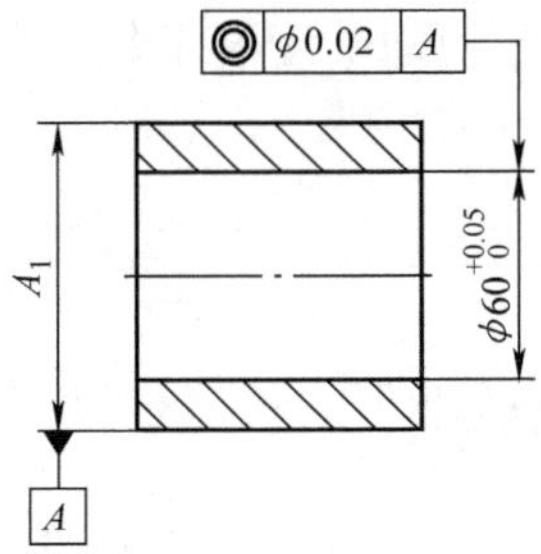

图　5-1

4. 加工图 5-2 所示零件，以 B 面定位，加工表面 A，保证尺寸 $10^{+0.2}_{0}$ mm，试画出尺寸链，指出封闭环、增环和减环并求出工序尺寸 L 及公差。

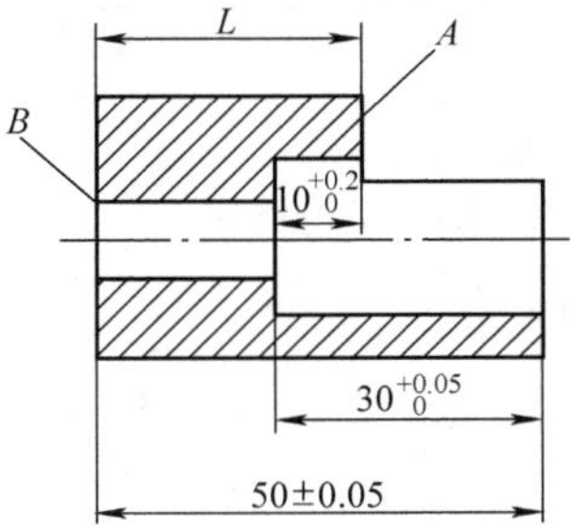

图　5-2

第三节　解算尺寸链的其他方法

知识要点

1. 分组装配法解尺寸链的原则。
2. 解算尺寸链的其他方法。

✔重点内容概括（考点）

1. 极值法是解算尺寸链的基本方法。

2. 分组装配法是先将按极值法求出的组成环公差扩大若干倍，使组成环的加工更加容易和经济，然后将全部零件通过精密测量，按实际尺寸的大小分成若干组，分组数与公差扩大的倍数相等，装配时根据大配大、小配小的原则，按组装配以达到封闭环的技术要求。

3. 调整法装配一般适用于精度较高，或使用过程中某些零件的尺寸会发生变化的情况。

4. 修配法应选用易加工且对其他装配尺寸没有影响的组成环作为修配环，一般适用于单件小批量生产、组成环数目较多且装配精度要求较高的情况。

练习题

一、判断题（正确的打√，错误的打 ×）

1. 若封闭环的公差要求很小，用极值法解出的组成环公差会更小，使加工很困难。（　　）

2. 分组装配法适用于任何场合。（　　）

3. 分组装配法一般适用于小规模生产中精度要求高、零件形状简单易测且组成环数较多的情况。（　　）

4. 调整法装配一般适用于精度较高，或使用过程中某些零件的尺寸会发生变化的情况。（　　）

5. 调整法不适用于单件、小批量生产。（　　）

6. 各种装配方法中，分组装配法是首选方法。（　　）

二、选择题（标 * 的为多项选择题）

1. 分组装配法适用于________，装配精度要求________的少环尺寸链中。

A. 大批量生产　高　　B. 大批量生产　低

C. 小批量生产　高　　D. 小批量生产　低

*2. 关于修配法，下列说法正确的是________。

A. 修配法生产率较低　　B. 修配法需要熟练工人

C. 修配法需要复杂的机器设备　　D. 修配法能保证较高的装配精度

3. 关于调整法，下列说法错误的是________。

A. 调整法是在组成环中选择一个环作为调整环

B. 采用调整法装配时，可使用一组具有不同尺寸大小的调整环做固定补偿件

C. 调整法装配一般适用于精度要求不高的场合

D. 可用于使用过程中某些零件的尺寸会发生变化的情况

三、填空题

1.________是解算尺寸链的基本方法。若封闭环的公差要求很小，组成环公差会更小，使加工很困难，为此可选择________、________和________。

2. 分组装配法中分组数与公差扩大的倍数________，装配时根据________________的原则，按组装配以达到封闭环的技术要求。

3. 调整法是在组成环中选择一个环作为________，通过调整的方法改变其________、________或位置，使封闭环的________和________达到要求。

四、简答题

1. 除极值法外，解算尺寸链的方法还有哪些？分别用于什么场合？

2. 什么是修配法解算尺寸链？修配法的特点是什么？

综合练习

综合练习一

一、填空题

1. 尺寸由________和________两部分组成，如 30mm、55μm。

2. 配合是指________相同、相互结合的孔和轴________之间的关系。它通常反映零件装配后的________。

3. 给出形状或位置公差要求的要素称为________要素，用于确定被测要素方向或位置的要素称为________要素。

4. 极限间隙分为________和________，代号分别为________和________。

5. 在公称尺寸相同的情况下，公差等级________，公差值越大。

6. 轮廓算术平均偏差用________表示；轮廓最大高度用________表示。

二、判断题（正确的画√，错误的画 ×）

1. 某孔要求尺寸为 $\phi 20_{-0.067}^{-0.046}$ mm，今测得其实际尺寸为 ϕ19.962mm，可以判断该孔合格。（ ）

2. 配合 H7/g6 比 H7/s6 要紧。（ ）

3. 从制造角度讲，基孔制的特点就是先加工孔，基轴制的特点就是先加工轴。（ ）

4. 孔的公称尺寸一定要大于轴的公称尺寸才能配合。（ ）

5. 标准推荐优先选用轮廓算术平均偏差 *Ra*，是因为其测量方法简单。（ ）

6. 完全互换法的装配效率必定高于不完全互换法。（ ）

7. 跳动公差带不可以综合控制被测要素的位置、方向和形状。（ ）

8. 滚动轴承内圈采用基孔制，其下极限偏差为零。（ ）

9. 若被测要素相对于基准的方向和位置关系以理论正确尺寸标注，则其公差带的方向和位置是固定的。（ ）

10. 利用同一种加工方法加工轴，设计尺寸为 ϕ50h7 的轴比 ϕ30f6 的轴加工困难。（ ）

11. EI ≥ es 的孔和轴是间隙配合。（ ）

三、选择题

1. 用万能测长仪测量内孔的直径，属于________。

A. 直接测量　　B. 间接测量　　C. 绝对测量　　D. 相对测量

2. 保证互换性生产的基础是________。

A. 标准化　　B. 生产现代化　　C. 大批量生产　　D. 协作化生产

3. 国家标准中规定，在机械加工中，通常均以________作为尺寸的特定单位。

A. um　　B. cm　　C. dm　　D. mm

4. 几何公差带的形状决定于________。

A. 几何公差特征项目　　B. 几何公差标注形式

C. 被测要素的理想形状　　D. 被测要素的理想形状、公差特征项目和标注形式

5. 最大实体尺寸是指________。

A. 孔和轴的上极限尺寸

B. 孔和轴的下极限尺寸

C. 孔的下极限尺寸和轴的上极限尺寸

D. 孔的上极限尺寸和轴的下极限尺寸

6. 圆跳动的公差值________。

A. 为负值　　B. 前面不能加 ϕ　　C. 前面能加 ϕ　　D. 可以为零

7. 一般来说，下列________表面粗糙度要求最高。

A. ϕ30h7　　B. ϕ90H7　　C. ϕ60h7　　D. ϕ80h7

8. 正确的配合代号是________。

A. ϕ50G7/h7　　B. ϕ50K7/d5　　C. ϕ50H7/h6　　D. ϕ50H7/j6

9. 基本偏差为 m 的轴的公差带与基准孔 H 的公差带在优先配合系列中形成________。

A. 间隙配合　　B. 过盈配合　　C. 过渡配合　　D. 过渡配合或过盈配合

10. 下图中游标卡尺的读数是________。

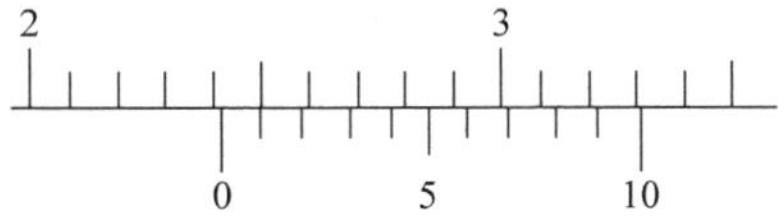

A.24.1mm

B.2.41mm

C.24.02mm

D.24.5mm

四、简答题

1. 名词解释。

（1）加工误差

（2）被测要素

（3）配合

（4）标准公差

（5）极限偏差

2. 在基准选用中，为什么优先选用基孔制？

3. 什么是最大实体要求？什么是包容要求？

4. 在实际应用中如何选择公差等级？

五、计算题

1. 有一孔、轴配合，公称尺寸 D=60mm，最大间隙 S_{max}=+40μm，孔公差 T_D=30μm，轴公差 T_d=20μm，es=0。求 ES、EI、T_f、S_{min}（或 δ_{max}）。

2. 如下图所示，最大实体要求用于基准要素，试求出给定的同轴度公差值、最大增大值，同轴度误差允许达到的最大值；当 ϕ25mm 轴的实际尺寸为 ϕ24.986mm 时，允许同轴度的公差是多少？

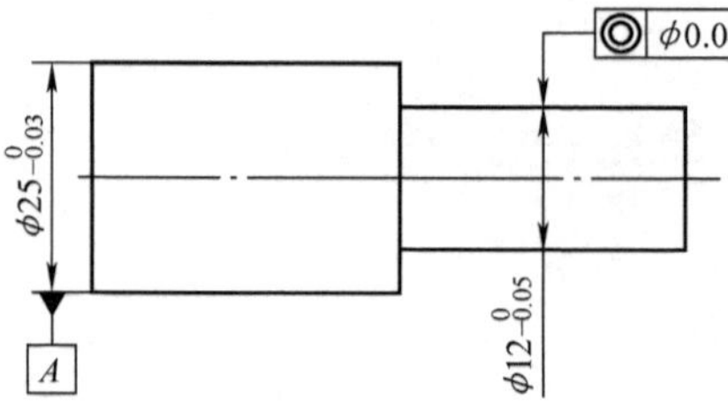

3. 求 ϕ50E8/h7 配合中孔与轴的公差带代号、公差、基本偏差、另一极限偏差、配合类别，并计算极限间隙或极限过盈及配合公差，并画出尺寸公差带图。

公称尺寸	标准公差 / μm		公称尺寸	基本偏差 / μm
	IT7	IT8		E
> 30 ~ 50	25	39	> 40 ~ 50	+50
> 50 ~ 80	30	46	> 50 ~ 65	+60

六、作图题

根据技术要求，在图中标出正确的几何公差。

（1）键槽 10mm 的中心平面相对于 ϕ40mm 轴线的对称度公差值为 0.05mm。

（2）ϕ60mm 圆柱的圆度公差值为 0.03mm；圆柱度公差值为 0.032mm；圆柱面相对于 ϕ40mm 轴线的全跳动公差值为 0.06mm。

（3）ϕ60mm 轴线对 ϕ40mm 轴线的同轴度公差为 ϕ0.05mm。

（4）零件的左侧端面相对于 ϕ60mm 轴线的垂直度公差为 0.05mm，若有垂直度误差，则只允许中间向材料内凹下。

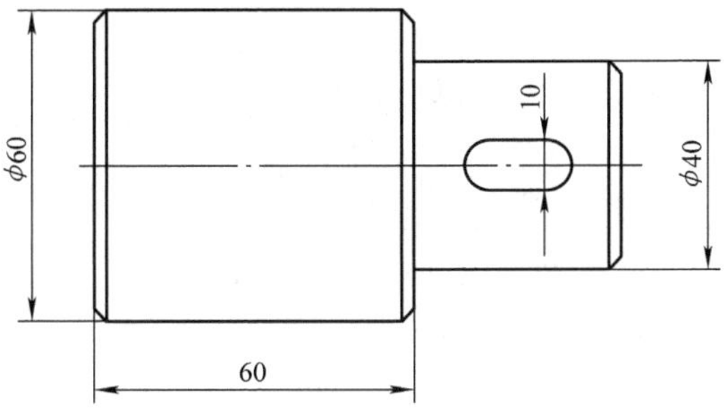

综合练习二

一、填空题

1. 遵循互换性原则生产，不仅能提高________，而且能有效保证________，降低________，所以互换性是机器和仪器制造中的重要生产原则。

2. 加工误差可分为________、________、________及表面轮廓误差四类。

3. 零件的精度是由公差来体现的，合格件的误差大小由________控制。公差值的大小已经标准化，公差的大小由________给定。

4. 对同一尺寸来说，公差值大就是允许的加工误差________，加工________，零件的制造成本________；公差值小就是允许的加工误差________，精度________，加工________，零件的制造成本________。所以零件的公差值大小与零件的加工难易程度密切相关，直接影响产品成本的高低。

二、判断题（正确的画√，错误的画 ×）

1. 零件的极限偏差可以是正值、负值或零。（　　）

2. 孔和轴配合时，不允许孔、轴之间有相对转动的配合为过渡配合。（　　）

3. 当基准要素是轮廓要素时，带有字母的短横线应置于轮廓线或其延长线上。（　　）

4. 表面粗糙度代号在图样上一般注在可见轮廓线、尺寸界线、引出线或它们的延长线上。（　　）

5. 在使用外径千分尺前不需要检查微分筒零线。（　　）

6. 各级 a~h 轴和 H 孔的配合必然形成间隙配合。（　　）

7. 任何零件都要求表面粗糙度值越小越好。（　　）

8. 用 *Ra* 参数时除了标注数值外，还必须注明“*Ra*”。（　　）

9. 孔的下极限尺寸即为最小实体尺寸。（　　）

10. 公差通常为正，在个别情况下也可以为负。（　　）

11. 零件的加工难易程度取决于公差等级的高低，与基本偏差无关。（　　）

12. 在图样上没有标注公差的尺寸就是自由尺寸，没有公差要求。（　　）

13. 某一尺寸减其公称尺寸的代数差是基本偏差。（　　）

14. 使用百分表测量工件时，不能使测头突然落在工件的表面上。（　　）

15. 游标卡尺可以用来测量毛坯件。（　　）

三、选择题

1 . 公差带在零线上方，其基本偏差为________。

A. 上极限偏差　　B. 下极限偏差　　C. 零　　D. 上极限偏差或下极限偏差

2. 滚动轴承内圈与轴颈的配合规定采用________。

A. 基孔制　　B. 基准件配合　　C. 基轴制　　D. 无基准件配合

3. 几何公差为最大实体要求时，若实际尺寸偏离最大实体尺寸，几何公差值可以增大，其最大增大量为________。

A. 该要素上极限尺寸减去下极限尺寸
B. 该要素最大实体尺寸减去最小实体尺寸
C. 该要素上极限尺寸减去公称尺寸
D. 该要素下极限尺寸减去公称尺寸
4. 标准公差值与________有关。
A. 公称尺寸和公差等级　　B. 公称尺寸和基本偏差
C. 公差等级和配合性质　　D. 基本偏差和配合性质
5. 比较相同尺寸的精度，取决于________。
A. 极限偏差值的大小　B. 公差值的大小　C. 基本偏差值的大小　D. 实际偏差值的大小
6. 配合精度高，表明________。
A. S 或 δ 值小　　B. 轴的公差值大于孔的公差值
C. 轴的公差值小于孔的公差值　　D. 轴、孔公差值之和小
7. $\phi 45^{+0.039}_{0}$ mm 的孔与 $\phi 45^{-0.025}_{-0.050}$ mm 的轴配合属于________配合。
A. 间隙配合　B. 过盈配合　C. 过渡配合　D. 无法确定
8. 对于孔，基本偏差代号 A~H 的基本偏差是________。
A. EI　B. ES　C. es　D. ei
9. 钢直尺是一种最常用、简单的量具，它的最小刻度为________mm。
A. 0.01　B. 0.1　C. 0.5　D. 0.05
10. 下列几何公差带中，不属于固定位置公差带的是________。
A. 同轴度　B. 对称度　C. 平行度　D. 部分位置度

四、简答题

1. 解释下列表面粗糙度代号的含义。

（1）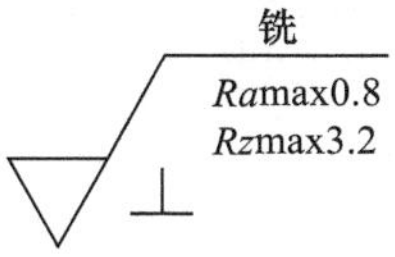

（2）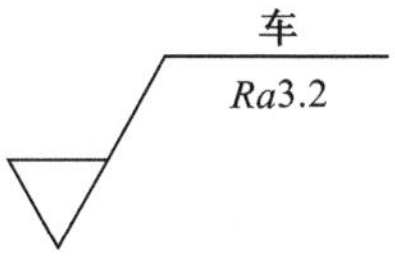

（3）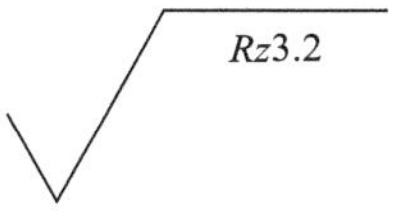

2. 什么是几何公差带？它由几部分组成？

3. 什么是配合公差？写出三种配合方式配合公差的计算公式。

五、计算题

1. 根据配合代号 $\phi 45\dfrac{H8\left(^{+0.039}_{\ \ 0}\right)}{m7\left(^{+0.024}_{+0.009}\right)}$ mm，完成下列各题：

（1）孔的下极限偏差为________，轴的上极限偏差为________。

（2）孔的公差为________，轴的公差为________。

（3）该配合的配合性质为________，基准制为________。

（4）画出孔、轴的尺寸公差带图及配合公差带图。

2. 读图题

识读图中几何公差标注，完成表格。

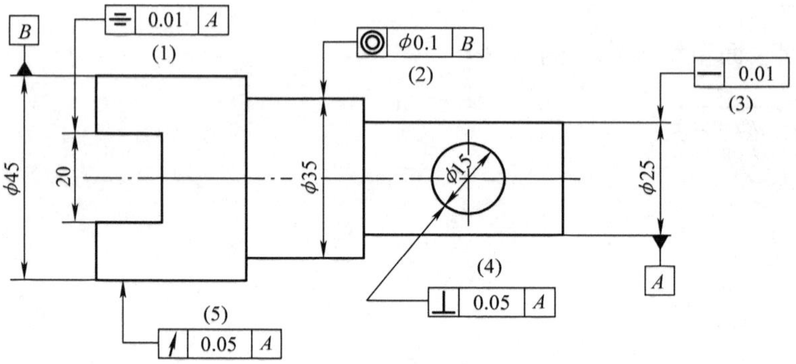

几何公差标注	公差项目	公差数值	被测要素	基准要素
（1）				
（2）				
（3）				
（4）				
（5）				

综合练习三

一、填空题

1. 公差带的位置由________决定，公差带的大小由________决定。

2. 国家标准对孔和轴各设置了________个基本偏差，对于轴 a 至 h 的基本偏差为________，与基准孔构成________配合。

3. 轴的基本偏差数值一般与________无关，只与________和________有关。

4. ϕ30h5、ϕ30h6、ϕ30h7 的________相同，________不同。ϕ30P7、ϕ30P8、ϕ30P9 的________相同，________不同。（填上、下极限偏差）

5. 若某配合的最大间隙为 +30 μm，孔的下极限偏差为 –11 μm，轴的下极限偏差为 –16 μm，公差值为 16 μm，则其配合公差为________。

6. 正确判断配合性质是工程技术人员必须具备的知识，在有基本偏差的尺寸标注中，可由________和________来判断其配合性质。在尺寸中只标注极限偏差的大小时，就要依据________的大小来判断配合性质。

二、判断题（正确的画√，错误的画 ×）

1. ϕ10G6、ϕ10G7 和 ϕ10G8 的上极限偏差是相等的，只是它们的下极限偏差各不相同。（　　）

2. *Rz* 值因测量点少，不能充分反映表面状况，所以应用很少。（　　）

3. 独立原则是指零件无几何误差。（　　）

4. 任何实际要素都同时存在几何误差和尺寸误差。（　　）

5. 某一实际平面对基准平面的平行度误差为 *m*，则该平面的平面度误差一定不大于 *m*。（　　）

6. 孔、轴公差带的相对位置反映加工的难易程度。（　　）

7. 某尺寸的上极限偏差一定大于下极限偏差。（　　）

8. 因为公差等级不同，所以 ϕ50H7 与 ϕ50H8 的基本偏差值不等。（　　）

9. 由于形状误差是单一要素，因此标注形状公差项目时不需要基准。（　　）

10. 零件尺寸的加工成本取决于公差等级的高低，而与配合种类无关。（　　）

11. 钢直尺一般可用于精度较高的测量。（　　）

12. 选用公差带的时候应按常用、优先、一般公差带的顺序选取。（　　）

三、选择题

1. 表面粗糙，零件的________。

A. 应力集中　　B. 配合精度高　　C. 接触刚度增加　D. 耐蚀性强

2. 某种零件在装配时需要进行修配，则此种零件________。

A. 具有完全互换性　　B. 具有不完全互换性

C. 不具有互换性　　D. 无法确定其是否具有互换性

3. 被测要素为面，它对基准平面的垂直度公差带是________。

A. 在同一正截面上半径差为公差值的两同心圆之间的区域

B. 间距为公差值且垂直于基准面的两平行平面所限定的区域

C. 距离为公差值的两平行直线之间的区域

D. 半径差为公差值的两同轴圆柱面之间的区域

4. 孔、轴配合代号为 ϕ50N7/h6，它们的配合性质为________。

A. 间隙配合　　B. 过盈配合　　C. 过渡配合　　D. 不确定

5. 最小实体尺寸是指________。

A. 孔和轴的下极限尺寸　　B. 孔的下极限尺寸和轴的上极限尺寸

C. 孔和轴的上极限尺寸　　D. 孔的上极限尺寸和轴的下极限尺寸

6. 关于基准要素，下列说法错误的是________。

A. 确定被测要素的方向（和）位置

B. 基准要素只能是中心要素

C. 图样上标注的基准要素是理想要素

D. 基准要素可以是单个要素，也可以是多个要素

7.________为上极限偏差且为零的轴的公差带，与不同基本偏差的孔的公差带形成各种配合的一种制度。

A. 基轴制是实际偏差　　B. 基轴制是基本偏差

C. 基孔制是实际偏差　　D. 基孔制是基本偏差

8. 下列说法正确的有________。

A. 面对基准面的平行度公差值前应加注符号"ϕ"

B. 任意方向上，轴线的直线度公差值前应加注符号"ϕ"

C. 标注径向圆跳动公差时，指引线箭头应与轴线垂直

D. 标注圆锥面的圆度公差时，指引线箭头应指向圆锥轮廓面的垂直方向

9. $\sqrt{Ra\ 3.2}$ 标注的含义是________。

A. 用不去除材料方法获得的表面粗糙度，轮廓算术平均偏差 *Ra* 的上限值为 3.2 μm

B. 用去除材料方法获得的表面粗糙度，轮廓算术平均偏差 *Ra* 的上限值为 3.2 μm

C. 用去除材料方法获得的表面粗糙度，轮廓最大高度 *Rz* 的上限值为 3.2 μm

D. 用去除材料方法获得的表面粗糙度，轮廓最大高度 *Ra* 的上限值为 3.2 μm

10. 公差原则是指 ______。

A. 确定公差值大小的原则　　B. 制定公差与配合标准的原则

C. 形状公差与位置公差的关系　　D. 尺寸公差与几何公差的关系

四、简答计算题

1. 读图，被测要素采用的公差原则是________，最大实体尺寸为________mm，最小实体尺寸为________mm，其边界应遵循________，该零件的几何公差被测要素是________，垂直度公差给定值为________mm，垂直度公差最大补偿值是________mm。设孔的横截面形状正确，当孔的实际尺寸处处都为 ϕ60mm 时，垂直度公差允许值是________mm；当孔的实际尺寸处处都为 ϕ60.10mm 时，垂直度公差允许值是________mm。

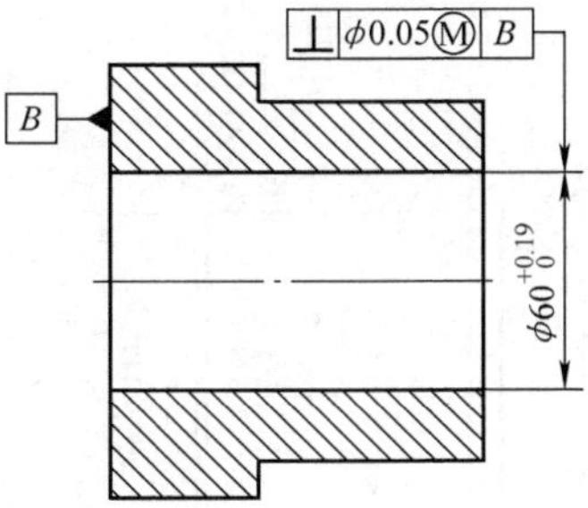

2. 某孔、轴配合，已知轴的尺寸为 ϕ10h8，最大间隙 S_{max}=+0.007mm，最大过盈 δ_{max}= –0.037mm，试计算孔的尺寸，并说明该配合是什么基准制和什么配合类别。（上极限尺寸为 ϕ10mm，IT8=0.022mm）

3. 将下列技术要求标注在图上：

（1）ϕ30H7 孔轴线的直线度公差为 ϕ0.01mm。

（2）ϕ100h6 圆柱面的圆柱度公差为 0.05mm。

（3）用车削方式获得的左、右端面表面粗糙度 Ra 值不允许大于 1.6μm。

（4）右端面相对于左端面的平行度公差为 0.01mm。

（5）ϕ30H7 满足包容要求。

（6）ϕ30H7 孔轴线相对于左端面的垂直度公差为 ϕ0.02mm。

（7）ϕ100h6 圆柱截面对 ϕ30H7 孔轴线的圆跳动公差为 0.03mm。

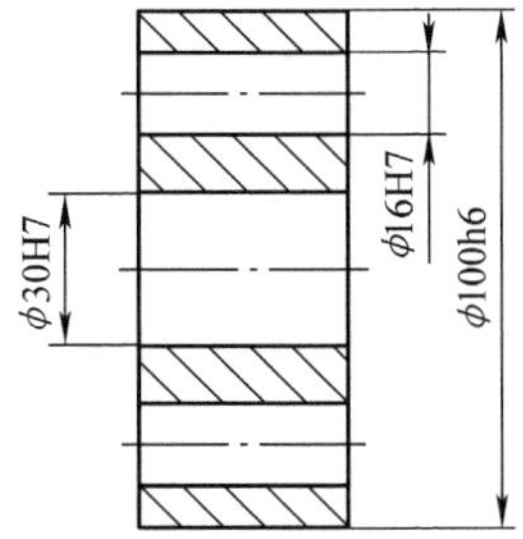

4. 解释图中表面粗糙度代号的含义。

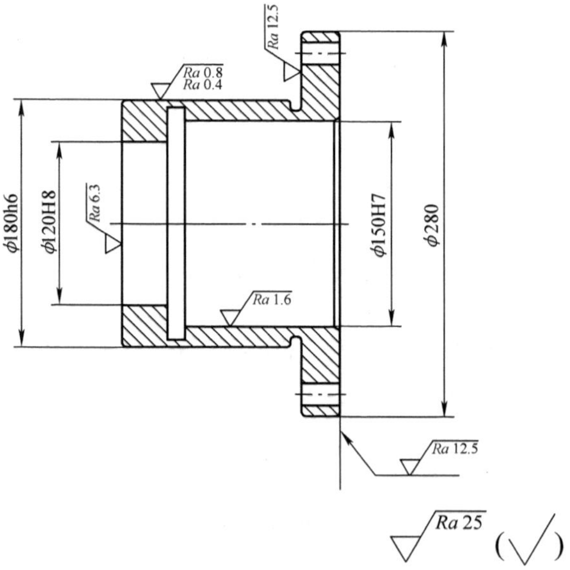